普通高等教育人工智能专业系列教材

人工智能技术及应用

主　编　程显毅　任越美　孙丽丽

参　编　薛胜军　张　盛　葛如海　张敏莉　秦　伟

　　　　姚　阳　张　旭　季国华　邱建林　陈凤妹

　　　　杨云雪　田亚崇　黄　涛　董春龙　施怡然

机械工业出版社

本书以优化知识结构、培养解决问题的能力为出发点，以实施素质教育、培养学生具有新一代人工智能应用意识为目标，以培养学生创新精神、创业能力为重点，以企业人才需求构建新的知识体系为主线。全书共16章，分为4篇：科普篇、行业应用篇、理论篇和创新创业篇。以朴素的语言和浅显的例子，用图文并茂的形式，向读者生动展示新一代人工智能的专业知识。

本书可作为普通高校各专业人工智能通识课程教材，也可作为人工智能爱好者参考书籍。

本书配套授课电子课件，需要的教师可登录机械工业出版社教育服务网www.cmpedu.com免费注册后下载，或联系编辑索取（微信：13146070618，电话：010-88379739）。

图书在版编目（CIP）数据

人工智能技术及应用／程显毅，任越美，孙丽丽主编 .—北京：机械工业出版社，2020.8（2025.1重印）

普通高等教育人工智能专业系列教材

ISBN 978-7-111-66083-5

Ⅰ.①人… Ⅱ.①程… ②任… ③孙… Ⅲ.①人工智能-高等学校-教材 Ⅳ.①TP18

中国版本图书馆 CIP 数据核字（2020）第 122915 号

机械工业出版社（北京市百万庄大街 22 号　邮政编码 100037）

策划编辑：汤　枫　　责任编辑：汤　枫
责任校对：张艳霞　　责任印制：单爱军
北京虎彩文化传播有限公司印刷

2025 年 1 月第 1 版·第 15 次印刷
184mm×260mm·15.25 印张·374 千字
标准书号：ISBN 978-7-111-66083-5
定价：55.00 元

电话服务　　　　　　　　　网络服务
客服电话：010-88361066　　机 工 官 网：www.cmpbook.com
　　　　　010-88379833　　机 工 官 博：weibo.com/cmp1952
　　　　　010-68326294　　金 书 网：www.golden-book.com
封底无防伪标均为盗版　机工教育服务网：www.cmpedu.com

前　言

党的二十大报告指出，推动战略性新兴产业融合集群发展，构建新一代信息技术、人工智能、生物技术、新能源、新材料、高端装备、绿色环保等一批新的增长引擎。人工智能作为新一轮产业变革的核心驱动力，不断释放科技革命和产业变革积蓄的巨大能量。可能你没有赶上互联网+的时期，但可以让你赶上 AI+的变革时代。

通过本书的学习，你可以了解人工智能的过去、现在和未来；发现人工智能落地应用的思路；掌握人工智能产品开发的基本方法。本书主要特点如下。

1. 通俗的知识讲解

本书以朴素的语言和浅显的例子，用图文并茂的形式，向读者生动展示新一代人工智能的专业知识。注重：

1）趣味性。本书把抽象的概念形象化，让读者有体验感，有吸引力。

2）先进性。科技进步瞬息万变，本书通过辅助材料让读者实时了解行业、企业最新技术动态和人才需求动态，对于经典的人工智能技术没有过多介绍。

3）针对性。因为本书是面向多专业背景的读者，所以书中的知识点根据不同专业进行了针对性的解释。

4）系统性。本书内容按人工智能知识体系安排，即问题求解、知识与推理、学习与发现、感知与理解、系统与建造。

2. 面向非计算机专业，文理兼顾

本书主要面向对人工智能感兴趣的读者，让读者了解人工智能历史和未来发展方向，理解人工智能常用术语，熟悉人工智能市场需求，培养人工智能应用意识。

3. 内容编排层次化，分为四篇

（1）科普篇

科普篇的主要任务是让读者对人工智能有一个初步体验，通过身边的实例和作品欣赏介绍人工智能的概念、历史、生态、面临的机遇和挑战，培养人工智能思维意识。

（2）行业应用篇

通过对本篇的学习，读者可以感受到人工智能在所学专业中的作用，基本了解人工智能是如何落地的。根据专业的不同，读者可重点学习 1~2 个行业应用案例。

（3）理论篇

本篇可作为自学内容，其目的是让学有余力的读者，有一个系统的提升空间。

（4）创新创业篇

创新创业篇主要培养读者创造性思维、人工智能科技素养和人工智能认知能力。

科普篇和创新创业篇是通识内容，行业应用篇是根据专业需要的选学内容，理论篇是学生依据自己的需求自学内容。这样的设计，既能让读者了解人工智能的最新技术，又能把人工智能应用到所学专业中。

为了便于教学，本书还提供了 68 个体验视频、21 个实战项目，以帮助学生深入理解书本内容；每章提供了一个如下图所示的思维导图，便于学生了解需要掌握的能力，掌握该能力需要的知识点；每章安排了一定习题和实验，用于检查学生对知识点的掌握程度。

本书配套的体验视频可通过关注机械工业出版社计算机分社官方微信订阅号——IT 有得聊，回复本书书号"66083"即可获得。

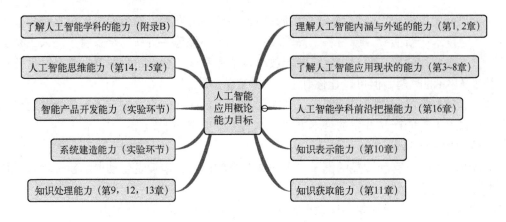

能力目标思维导图

本书第 2、4、13 章由任越美执笔，第 6、8、15 章由孙丽丽执笔，第 9 章由邱建林执笔，第 16 章由薛胜军、季国华执笔，第 3 章由葛如海、张旭执笔，第 5 章由张敏莉、秦伟执笔，第 7 章由张盛、姚阳执笔，第 10 章由陈凤妹、田亚崇执笔，第 12 章由杨云雪、黄涛执笔，第 14 章由董春龙、施怡然执笔，第 1、11 章由程显毅执笔，最后由程显毅统稿。

本书在编写过程中参考和引用了许多参考文献，在此对文献的作者表示真诚的感谢。由于编者水平有限，书中难免存在不足或疏漏之处，恳请广大读者批评指正。

编　者

目　录

行业应用篇

理　论　篇

科　普　篇

人工智能（Artificial Intelligence，AI）已经来了，而且它就在我们身边，无处不在。

人工智能领域由于其长达 60 多年的历史和涉及范围的广泛，使其拥有比一般科技领域更复杂、更丰富的概念。人工智能的研究是如何开启的？我们该如何在心理上将人和机器摆在正确的位置？该如何规划人工智能时代下的未来生活？当代人工智能研究发展到哪一步了？人们对于人工智能的理解和认知有哪些共性和差异？在本篇中，我们将走进人工智能的前世今生，一起来揭示这项颠覆性技术的真相。

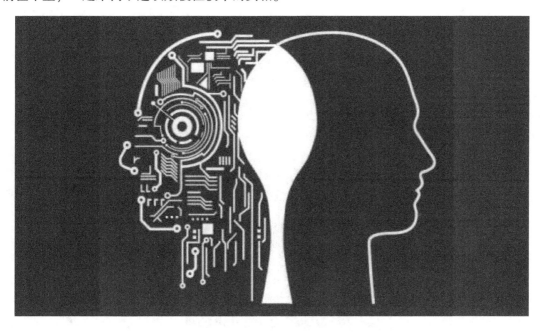

第1章 拥抱人工智能

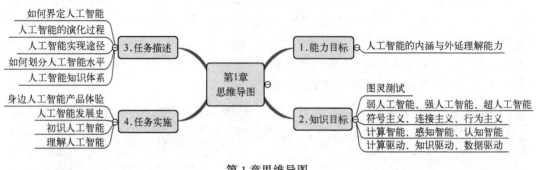

第1章思维导图

1.1　人工智能就在你身边

请抛开人工智能就是人形机器人的固有偏见，然后，打开手机（见图1-1）。首先来看一看，已经变成每个人生活一部分的智能手机里，到底藏着多少人工智能应用。

图1-1　手机上的人工智能相关应用

小小的手机屏幕上，人工智能是不是无处不在？接下来简单分析这些活跃在你我身边，正在改变世界的人工智能技术。

1. 手机美颜

随着智能手机市场女性用户日益增多，带有美容效果的手机相继推出，而这一类手机也获得了女性用户的追捧，这一类手机统称为美颜手机。美颜手机内嵌人工智能算法，具备自动磨皮、美白、瘦脸、眼部增强及五官立体等功能（见图 1-2）。

图 1-2　美颜前后的效果

美颜功能并不是通常所说的美图秀秀，而是手机相机中自带的美颜功能。

2. 聊天机器人

聊天机器人（Chatterbot）是一个用来模拟人类对话或聊天的程序。Chatterbot 已应用于在线互动游戏 Tinymuds。一个单独的玩家可以在等待其他"真实"玩家时与一个 Chatterbot 进行互动。

聊天机器人的成功之处在于，研发者将大量网络流行的语言加入词库，当你发送的词组和句子被词库识别后，程序将通过算法把预先设定好的答案回复给你。而词库的丰富程度、回复的速度，是一个聊天机器人能否得到大众喜欢的重要因素。千篇一律的回答不能得到大众青睐，中规中矩的话语也不会引起人们共鸣。此外，只要程序启动，聊天机器人可以 24 小时在线随叫随到（参见 13.4.1 节）。图 1-3 列出几款常见的聊天机器人。

图 1-3　常见聊天机器人

3. 今日头条

"今日头条"基于个性化推荐引擎技术，根据每个用户的社交行为、阅读行为、位置、职业及年龄等挖掘出兴趣，从而进行个性化推荐，推荐内容不仅包括狭义上的新闻，还包括音乐、电影、游戏及购物等信息。

4. 在线翻译

人工智能应用的普遍使在线翻译成为当今机器翻译的重头戏（参见 13.4.2 节）。在这一领域，竞争正变得空前激烈。如今功能较强、方便易用的在线翻译工具有谷歌翻译、必应翻译、脸谱翻译、有道翻译及巴比伦翻译等，其中后起之秀的谷歌翻译最具特色。谷歌翻译可提供 63 种主要语言之间的即时翻译；它可以提供所支持的任意两种语言之间的互译，包括字词、句子、文本和网页翻译。另外它还可以帮助用户阅读搜索结果、网页、电子邮件、YouTube 视频字幕以及其他信息。

5. 语音助手

智能音箱的背后技术是语音助手，如 Siri、Google Now、讯飞语点、小爱同学、小艺等。目前，常规语音识别技术已经比较成熟（参考 12.3 节）。

6. 人脸识别

人脸识别系统集成了机器识别、机器学习、模型理论、专家系统及视频图像处理等多种人工智能技术，是生物特征识别的最新应用，其核心技术的实现，展现了弱人工智能向强人工智能的转化。

人脸识别主要应用场景如下：

手机刷脸解锁；

支付宝刷脸支付；

钉钉刷脸打卡；

公安系统人脸识别追踪；

机场、车站人脸识别检票；

……

1.2　人工智能发展史

要想了解人工智能向何处去，首先要知道人工智能从何处来。人工智能从 1956 年提出到今天，走过了 60 多年，经历了计算驱动、知识驱动和数据驱动三次浪潮（见图 1-4）。

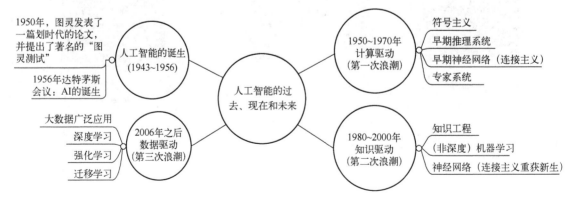

图 1-4　人工智能的三次浪潮

1.2.1　计算驱动

1. 达特茅斯会议

1956 年 8 月，在美国汉诺斯小镇宁静的达特茅斯（Dartmouth Conference）学院中，约翰·麦卡锡（John McCarthy）、马文·明斯基（Marvin Minsky，人工智能与认知学专家）、克劳德·香农（Claude Shannon，信息论的创始人）、艾伦·纽厄尔（Allen Newell，计算机科学家）、赫伯特·西蒙（Herbert Simon，诺贝尔经济学奖得主）等科学家正聚在一起，讨论着一个主题：用机器来模仿人类学习以及其他方面的智能。

会议足足开了两个月的时间，虽然大家没有达成普遍的共识，但是却为会议讨论的内容起了一个名字：人工智能。因此，1956 年也就成为人工智能元年。

2. 人工智能计算驱动的基本思想

从这次会议之后，人工智能迎来了它的一个春天，鉴于计算机一直被认为是只能进行数值计算的机器，所以，它稍微做一点智能的事情，人们都惊讶不已。这个时期诞生了世界上第一个聊天程序 ELIZA，它是由麻省理工学院的人工智能学院编写的，能够根据设定的规则，根据用户的提问进行模式匹配，然后从预先编写好的答案库中选择合适的回答。这也是第一个尝试通过图灵测试的软件程序，ELIZA 曾模拟心理治疗医生和患者交谈，在首次使用的时候就骗过了很多人。

1959 年，塞缪尔的跳棋程序（见图 1-5）会对所有可能跳法进行搜索，并找到最佳方法。"推理就是搜索"是这个时期主要研究方向之一。

图 1-5　塞缪尔的跳棋程序

人工智能发展初期的突破性进展大大提升了人们对人工智能的期望，人们开始尝试更具挑战性的任务，并提出了一些不切实际的研发目标。

1956 年，西蒙和纽厄尔预言"十年之内，数字计算机将成为国际象棋世界冠军。"然而10 年过去，人工智能的发展远远滞后于当时的预测。

3. 计算驱动导致人工智能的发展走入低谷，有哪些表现？

这次寒冬不是偶然的。在人工智能的第一个黄金时代，虽然创造了各种软件程序或硬件机器人，但它们看起来都只是"玩具"，要迈进到实用的工业产品，科学家们确实遇到了一些不可战胜的挑战。让科学家们最头痛的就是虽然很多难题理论上可以解决，看上去只是少量的规则和几个很少的棋子，但带来的计算量却是惊人的增长，实际上根本无法解决。比如运行某个含 2 的 100 次方计算的程序，即使用当时运算速度很快的计算机也要计算数万亿年，这是不可想象的。所以，计算驱动导致人工智能的发展走入低谷主要表现为计算能力有限。

1.2.2　知识驱动

20 世纪 70 年代出现的专家系统，模拟人类专家的知识和经验解决特定领域的问题，实现了人工智能从理论研究走向实际应用，从一般推理策略探讨转向运用专门知识的重大突破。专家系统在医疗、化学及地质等领域取得成功，推动人工智能走入应用发展的新高潮。

1. 专家系统

专家系统的起源可以追溯到 1965 年，美国著名计算机学家费根鲍姆（Feigenbaum，见图 1-6）带领学生开发了第一个专家系统 Dendral，这个系统可以根据化学仪器的读数自动鉴定化学成分。20 世纪 70 年代，费根鲍姆开发了另外一个用于血液病诊断的专家程序 MYCIN（霉素），这可能是最早的医疗辅助系统软件。

专家系统其实就是一套计算机软件，它往往聚焦于单个专业领域，模拟人类专家回答问题或提供知识，帮助工作人员做出决策。它一方面需要人类专家整理和录入庞大的知识库（专家规则），另一方面需要计算机科学家编写程序，设定如何根据提问进行推理找到答案，也就是推理引擎。

专家系统把自己限定在一个小的范围，避免了通用人工智能的各种难题，它充分利用现有专家的知识经验，务实地解决人类特定工作领域需要的任务，它不是创造机器生命，而是制造更有用的活字典、好工具。

1984 年，微电子与计算机技术公司（MCC）发起了人工智能历史上最大也是最有争议性的项目 Cyc，这个项目至今仍然在运作。

Cyc 项目的目的是建造一个包含全人类全部知识的专家系统。截至 2017 年，它已经积累了超过 150 万个概念数据和超过 2000 万条常识规则，曾经在各个领域产生超过 100 个实际应用，它也被认为是当今最强人工智能。

知识驱动点燃了日本政府的热情。1982 年，日本国际贸易工业部发起了第五代计算机系统研究计划，投入 8.5 亿美元，创造具有划时代意义的超级人工智能计算机。这个项目在 10 年后基本以失败结束，然而，第五代计算机计划极大地推进了日本工业信息化进程，加速了日本工业的快速崛起；另一方面，这也开创了并行计算的先河，至今人们使用的多核处理器和神经网络芯片，都受到了这个计划的启发。

2. 知识驱动导致人工智能的发展走入低谷，有哪些表现？

20 世纪 80 年代中至 90 年代中，遭遇了知识获取和神经网络的局限，人工智能又一次处于低谷，主要表现在以下几个方面。

（1）知识获取瓶颈

随着人工智能的应用规模不断扩大，专家系统存在的应用领域狭窄、缺乏常识性知识、知识获取困难、推理方法单一、缺乏分布式功能、难以与现有数据库兼容等问题逐渐暴露出来。

（2）神经网络的局限

曾经一度被非常看好的神经网络技术，过分依赖于计算力和经验数据量，因此长时期没有取得实质性的进展。

1.2.3　数据驱动

　　数十年后，物联网、云计算及大数据技术的成熟，使神经网络成为当今人工智能的关键技术。2006 年，Hinton 出版了《Learning Multiple Layers of Representation》，奠定了神经网络的全新架构，它是人工智能深度学习的核心技术，后人把 Hinton 称为深度学习之父（见图 1-6）。

　　2007 年，在斯坦福任教的华裔科学家李飞飞（见图 1-7），发起创建了 ImageNet 项目。为了向人工智能研究机构提供足够数量可靠的图像资料，ImageNet 号召民众上传图像并标注图像内容。ImageNet 目前已经包含了 1400 万张图片数据，超过 2 万个类别。自 2010 年开始，ImageNet 每年举行大规模视觉识别挑战赛，全球开发者和研究机构都会参与贡献最好的人工智能图像识别算法进行评比。尤其是 2012 年由多伦多大学在挑战赛上设计的深度卷积神经网络算法，被业内认为是深度学习革命的开始。

　　华裔科学家吴恩达（Andrew Ng，见图 1-8）及其团队在 2009 年开始研究使用图形处理器（GPU）进行大规模无监督式机器学习工作，尝试让人工智能程序完全自主地识别图形中的内容。2012 年，吴恩达取得了惊人的成就，向世人展示了一个超强的神经网络，它能够在自主观看数千万张图片之后，识别那些包含有小猫的图像内容。这是历史上在没有人工干预下，机器自主强化学习的里程碑式事件。

图 1-6　Hinton　　　　　　　　图 1-7　李飞飞　　　　　　　　图 1-8　吴恩达

　　2014 年，伊恩·古德费罗提出 GAN（Generative Adversarial Networks）生成对抗网络算法，这是一种用于无监督学习的人工智能算法，这种算法由生成网络和评估网络构成，以左右互搏的方式提升最终效果，该算法很快被人工智能很多技术领域采用。

　　2016 年和 2017 年，谷歌发起了两场轰动世界的围棋人机之战，其人工智能程序 AlphaGo 连续战胜围棋世界冠军韩国的李世石（见图 1-9），以及中国的柯洁。

图 1-9　AlphaGo 战胜李世石

1.3　人工智能内涵与外延

图 1-10 展示了人工智能内涵与外延。

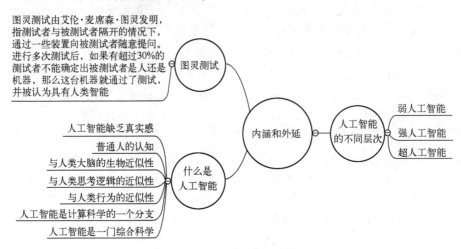

图 1-10　人工智能内涵与外延

1. 图灵测试

对于图灵，大多数人对他了解得并不多。你可能知道他发明了"图灵机"，破译了德国的密码等，但你可能不知道图灵是最早发现"人工智能"的人（见图 1-11）。目前还没有任何人工智能程序通过图灵测试。

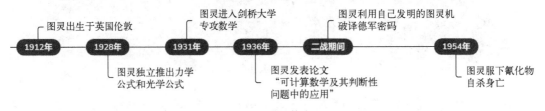

图 1-11　图灵传奇一生

2. 从教育的角度理解人工智能

图 1-12 给出了人工智能和教育的关系。人教人就是教育，人教机器就是人工智能，机器教人是智能教育。

3. 从人工智能的智力理解人工智能

人工智能的概念很宽泛，根据人工智能的智力可将它分成三大类。

1）弱人工智能。弱人工智能只专注于完成某个特别设定的任务，例如语音识别、图像识别和翻译，也包括近年来出现的 IBM 的 Watson 和谷歌的 AlphaGo。弱人工智能目标：让计算机看起来会像人脑一样思考。

图 1-12　人工智能与教育

2）强人工智能。强人工智能系统包括了学习、语言、认知、推理、创造和计划，目标是使人工智能在非监督学习情况下处理前所未见的细节，并同时与人类开展交互式学习。强人工智能目标：会自己思考的计算机。

3）超人工智能。超人工智能是指通过模拟人类的智慧，人工智能开始具备自主思维意识，形成新的智能群体，能够像人类一样独自地进行思维。

目前在现实生活中，人工智能大多都是"弱人工智能"，虽然不能理解信息，但都是优秀的信息处理者。

现在，人类已经掌握了弱人工智能。其实弱人工智能无处不在，人工智能革命是从弱人工智能，经过强人工智能，最终到达超人工智能的旅途。

4. 弱人工智能到强人工智能之路

造摩天大楼、把人送入太空、明白宇宙大爆炸的细节——这些都比理解人类的大脑。至今为止，人类的大脑是人们所知宇宙中最复杂的东西（见图1-13）。

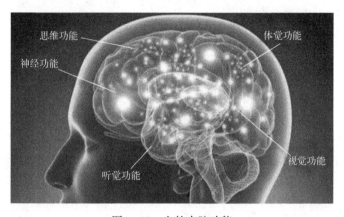

图 1-13　人的大脑功能

造一个能战胜世界象棋冠军的计算机已经成功了，但造一个能够读懂六岁小朋友的图片书中的文字，并且了解那些词汇意思的计算机，谷歌花了几十亿美元在做，还没做出来。

一些人类觉得困难的事情，如微积分、金融市场策略、翻译等，对于计算机来说都太简单了。人类觉得容易的事情，如视觉、动态、移动、直觉，对计算机来说太难了。

用计算机科学家 Donald Knuth 的说法，"人工智能已经在几乎所有需要思考的领域超过了人类，但是在那些人类和其他动物不需要思考就能完成的事情上，还差得很远。"

1.4　人工智能再认识

1.4.1　三大流派

由于对人工智能智能的理解不同，实现途径不同，因而形成了三大流派。

1. 符号主义

符号主义，又称为逻辑主义、心理学派或计算机学派，其奠基人是西蒙。符号主义主要成就代表是 20 世纪的专家系统。在符号主义看来，机器就是一个物理符号系统，而人就是物理符号系统加上一点意识。

既然计算机是物理符号系统，人也是物理符号系统，那么自然可以用机器来模拟人的智能。主要是因为人的认知就是符号一类的事物。

举个例子，人看到一个自行车，人的大脑自然地将所看到的一些事物定义成某些符号，如车座、车架、车把、车胎、车踏……（见图1-14）。因此可以将这些符号输入计算机里，计算机自然也可以得到一个结论，因此计算机自然可以模拟人的智能，这就是所谓的人工智能符号主义。

符号主义曾长期领衔诸多学派，它为人工智能的发展做出的贡献巨大，即使到目前，符号主义仍然属于三大主流派别之一。

图1-14　符号主义对自行车的认知

2. 连接主义

连接主义，又称为仿生学派或生理学派，其原理主要为神经网络及神经网络间的连接机制与学习算法。其奠基人是明斯基，发展最好的是深度学习。

连接主义的代表性成果是1943年由生理学家麦卡洛克（McCulloch）和数理逻辑学家皮茨（Pitts）创立的脑模型，即MP模型，开创了用电子装置模仿人脑结构和功能的新途径。这一实现真正地将神经元结构用于模型中。

20世纪50年代末，感知机（Perceptron）的出现，使得连接主义出现第一次热潮。随后的20年内，感知机技术得到广泛应用，越来越多的人开始认可感知机，并加大了连接主义学派下人工智能的研究。图1-15为一个在线可视化神经网络构造器。

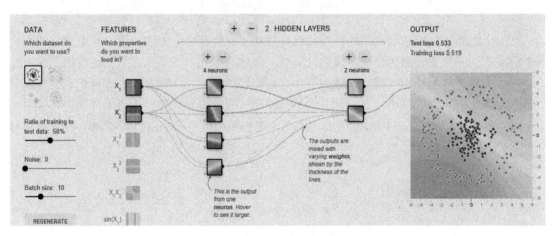

图1-15　在线可视化神经网络构造器

就在人们对符号主义怀疑并且否定的同时，连接主义在理论与实践基础上均开始突破。这一次连接主义势如破竹，引领了接下来人工智能的发展浪潮。

3. 行为主义

行为主义，又称为进化主义或控制论学派，其原理为控制论及感知-动作型控制系统。其奠基人是维纳，行为主义的贡献是机器人控制系统。

行为主义采用的是行为模拟方法，其代表性成果是布鲁克斯研制的机器虫（见

图 1-16）。布鲁克斯认为，要求机器人像人一样去思维太
困难了，但可以先做一个机器虫，由机器虫慢慢进化，或
许可以做出机器人。布鲁克斯成功研制了一个六足行走的
机器虫实验系统。这个机器虫虽然不具有像人那样的推理、
规划能力，但其应付复杂环境的能力却大大超过了原有的
机器人，能够实现在自然环境下的灵活漫游。1991 年 8 月，
布鲁克斯发表了"没有推理的智能"的论文，对传统人工
智能进行了批评和否定，提出了基于行为（进化）的人工
智能新途径，从而在国际人工智能界形成了行为主义这个
新的学派。

图 1-16　一种六足机器虫原型

在理论上，行为主义认为智能取决于感知和行动，提出了智能行为的"感知-动作"模型；智能不需要知识、不需要表示、不需要推理；人工智能可以像人类智能那样逐步进化，智能只有在现实世界中通过与周围环境的交互作用才能表现出来；指责传统人工智能（主要指符号主义，也涉及连接主义）对现实世界中客观事物的描述和复杂智能行为的工作模式做了虚假的、过于简单的抽象，因而，是不能真实反映现实世界的客观事物的。

在研究方法上，行为主义主张人工智能研究应采用行为模拟的方法。他们也认为，功能、结构和智能行为是不可分开的，不同的行为表现出不同的功能和不同的控制结构。行为主义的基本思想是一个智能主体的智能来自于他跟环境的交互，跟其他智能主体之间的交互，从而提升他们的智能。格斗游戏是典型的基于行为主义的人工智能。

4. 未来达到强人工智能，需要三大学派互相融合

图 1-17 给出三大流派的演化。

图 1-17　三大流派的演化

1. 4. 2　三个层次

根据机器智能水平的高低，可以从三个层次（计算智能、感知智能和认知智能）理解人工智能（见图 1-18）。

1）计算智能即快速计算、记忆和存储能力，目前，以快速计算、存储为目标的计算智能已经基本实现。

2）感知智能，即视觉、听觉和触觉等感知能力，当下十分热的语音识别、语音合成、图像识别即是感知智能。

3）认知智能则为理解、解释的能力。所以，真正人工智能的突破口是认知智能。近几

年，在深度学习推动下，以视觉、听觉等识别技术为目标的感知智能也取得不错的成效。然而，相比于计算智能和感知智能，认知能力的实现难度较大。举个例子，小猫可以"识别"主人，它所用到的感知能力，一般动物都具备，而认知智能则是人类独有的能力。人工智能的研究目标之一，就是希望机器具备认知智能，能够像人一样"思考"。

图 1-18   机器智能水平的高低

1.4.3   知识体系

人工智能是一个庞大的家族，包括众多的基础理论、重要的成果及算法、学科分支和应用领域等。根据智能系统的难易程度，可将人工智能知识体系划分为问题求解、知识与推理、学习与发现、感知与理解、系统与建造五个知识单元（见表 1-1）。

表 1-1   人工智能知识体系

知识单元	相关学科	研究方向	描述	成果及算法
问题求解	图搜索	启发式搜索	问题空间中进行符号推演	博弈树搜索、A*算法
	优化搜索	智能计算	以计算方式随机进行求解	遗传算法、粒子群算法
知识与推理	知识表示 知识图谱	一阶谓词逻辑 描述逻辑 产生式系统 框架 语义网络	知识表示可看成是一组描述事物的约定，把人类知识表示成机器能处理的数据结构	WordNet、RDF、医学知识图谱 UMLS
学习与发现	机器学习	有监督学习	通过训练集学习得到一个模型，然后用这个模型进行预测	分类、回归
		无监督学习	学习目标并不十分明确	聚类、关联分析、降维
		深度学习	深度网络训练算法	CNN、RNN、GAN、LSTM
		强化学习	强化学习解决智能决策问题，需连续不断地做出决策才能实现最终目标的问题	gym、DeepMind Lab、AirSim
		迁移学习	利用从任务中学到的知识，在只有少量标记数据可用的设置中，可以大量标记数据	图像数据的迁移学习、语言数据的迁移学习
	知识发现 数据挖掘	属性规约 序列分析 关联分析 分类	从大量的、不完全的、有噪声的、模糊的、随机的实际应用数据中，提取隐含在其中的、人们事先不知道的，但又是潜在有用的信息和知识的过程	提供预测性的信息

（续）

知识单元	相关学科	研究方向	描　述	成果及算法
感知与理解	自然语言理解	分词、实体识别、实体关系识别	识别出具体特定类别的实体，例如人名、地名、数值、专有名词等以及它们之间的关系	机器翻译、语音助手、客服机器人
		文本分类、自动文摘	自动摘要出关键的文本或知识	
		情感分析、问答系统	对带有情感色彩的主观性文本进行分析、处理、归纳和推理的过程	
	机器视觉	图像生成、图像处理、底层视觉、高层视觉	由底层视觉提取对象特征，通过机器学习理解视觉对象	3D 景物建模与识别、机器人装配
系统与建造	专家系统	推理知识库	专家知识放入知识库，推理机对用户提问进行推理和解释，中间数据放入数据库	Cyc
	Agent 系统	BDI，协同、协调、协商	Agent 是封装的实体，感知环境并接收反馈，运用自身知识问题求解，与其他 Agent 协同	机器人足球
	机器人	驱动装置、执行机构、检测装置、控制系统	具有感知机能、运动机能、思维机能和通信机能	无人机、无人驾驶

习题 1

一、名词解释
1. 弱人工智能　2. 强人工智能　3. 感知智能　4. 认知智能　5. 计算智能
6. 符号主义　　7. 连接主义　　8. 行为主义

二、选择题
1. 根据机器智能水平由低到高，（　　）是正确的。
A. 计算智能、感知智能、认知智能　　　B. 计算智能、感应智能、认知智能
C. 机器智能、感知智能、认知智能　　　D. 机器智能、感应智能、认知智能
2. 三大流派的演化正确的是（　　）。
A. 符号主义->知识表示->机器人　　　B. 连接主义->控制论->深度学习
C. 行为主义->控制论->机器人　　　　D. 符号主义->神经网络->知识图谱
3. 人工智能发展有三大流派，下列属于行为主义观点的包括（　　）。
A. 行为主义又叫心理学派、计算机主义
B. 行为主义又叫进化主义、仿生学派
C. 行为主义立足于逻辑运算和符号操作，把一些高级智能活动涉及的过程进行规则化、符号化的描述，变成一个形式系统，让机器进行推理解释
D. 其基本思想是一个智能主体的智能来自于它跟环境的交互，跟其他智能主体之间的交互，从而提升它们的智能
4. （　　）不是人工智能学派。
A. 符号主义　　　B. 认知主义　　　C. 连接主义　　　D. 行为主义
5. 知识图谱是由（　　）演化而来。

A. 符号主义　　　　B. 认知主义　　　　C. 连接主义　　　　D. 行为主义

6. 神经网络是由（　　）演化而来。

A. 符号主义　　　　B. 认知主义　　　　C. 连接主义　　　　D. 行为主义

7. （　　）不是手机里常用的智能 APP。

A. 美颜　　　　　　B. 语音助手　　　　C. 人脸识别　　　　D. 机器翻译

8. 信息论的创始人是（　　）。

A. 明斯基　　　　　B. 西蒙　　　　　　C. 香农　　　　　　D. 纽厄尔

9. 参加达特茅斯会议的认知学专家是（　　）。

A. 明斯基　　　　　B. 西蒙　　　　　　C. 香农　　　　　　D. 纽厄尔

10. 第一个跳棋程序是由（　　）发明的。

A. 塞缪尔　　　　　B. 西蒙　　　　　　C. 香农　　　　　　D. 纽厄尔

11. 掀起人工智能发展的第一个高潮是由（　　）的。

A. 计算驱动　　　　B. 数据驱动　　　　C. 知识驱动　　　　D. 常识驱动

12. 掀起人工智能发展的第二个高潮是由（　　）的。

A. 计算驱动　　　　B. 数据驱动　　　　C. 知识驱动　　　　D. 常识驱动

13. 掀起人工智能发展的第三个高潮是由（　　）的。

A. 计算驱动　　　　B. 数据驱动　　　　C. 知识驱动　　　　D. 常识驱动

14. 第一个专家系统是（　　）。

A. ELIZA　　　　　B. MYCIN　　　　　C. Dendral　　　　　D. Cyc

15. （　　）项目的目的是建造一个包含人类全部知识的专家系统。

A. ELIZA　　　　　B. MYCIN　　　　　C. Dendral　　　　　D. Cyc

16. ImageNet 项目是由（　　）创建的。

A. Hinton　　　　　B. 李飞飞　　　　　C. 吴恩达　　　　　D. Hopfield

17. （　　）奠定了神经网络的全新架构，后人把其称为深度学习之父。

A. Hinton　　　　　B. 李飞飞　　　　　C. 吴恩达　　　　　D. Hopfield

18. 只专注于完成某个特别设定任务的人工智能属于（　　）。

A. 超人工智能　　　B. 弱人工智能　　　C. 强人工智能　　　D. 认知智能

19. （　　）系统包括了学习、语言、认知、推理、创造和计划，目标是使人工智能在非监督学习情况下处理前所未见的细节，并同时与人类开展交互式学习。

A. 超人工智能　　　B. 弱人工智能　　　C. 强人工智能　　　D. 认知智能

20. 控制论学派属于（　　）。

A. 符号主义　　　　B. 认知主义　　　　C. 连接主义　　　　D. 行为主义

三、判断题

1. 人工智能就是人形机器人。　　　　　　　　　　　　　　　　　　（　　）

2. 常规语音识别技术已经比较成熟。　　　　　　　　　　　　　　　（　　）

3. 在人工智能的第一个黄金时代，虽然创造了各种软件程序或硬件机器人，但它们看起来都只是"玩具"。　　　　　　　　　　　　　　　　　　　　　　（　　）

4. 人教人就是教育。　　　　　　　　　　　　　　　　　　　　　　（　　）

5. 人教机器就是智能教育。　　　　　　　　　　　　　　　　　　　（　　）

6. 机器教人是人工智能。　　　　　　　　　　　　　　　　　　　　　（　　　）

7. 专家系统模拟人类专家的知识和经验解决特定领域的问题，实现了人工智能从理论研究走向实际应用。　　　　　　　　　　　　　　　　　　　　　　　（　　　）

8. 人工智能=机器有自己的想法。　　　　　　　　　　　　　　　　　（　　　）

9. 日本发起了第五代计算机系统研究计划并取得重大成功。　　　　　　（　　　）

10. 目前已有人工智能通过图灵测试。　　　　　　　　　　　　　　　（　　　）

11. 造一个能够读懂六岁小朋友的图片书中的文字，并且了解那些词汇意思的计算机很容易。　　　　　　　　　　　　　　　　　　　　　　　　　　　　　（　　　）

12. 微积分对于计算机来说太简单了。　　　　　　　　　　　　　　　（　　　）

13. 人工智能已经在几乎所有需要思考的领域超过了人类，但是在那些人类和其他动物不需要思考就能完成的事情上，还差得很远。　　　　　　　　　　　　　（　　　）

14. 符号主义认为，不论是自然生成的物质还是人工制造的物质，只要该物质遵循物理学定律，都有成为智能型物体的可能，只是需要找到它的内在并赋予它。　（　　　）

15. 真正人工智能的突破口是认知智能。　　　　　　　　　　　　　　（　　　）

四、填空题

1. 计算驱动导致人工智能的发展走入低谷主要表现为（　　　　　　）有限。

2. 人工智能概念是在（　　　　　　）会议上首次提出。

3. 人们通常把（　　　　　　）年称为人工智能元年。

4. （　　　　　　）其实就是一套计算机软件，它往往聚焦于单个专业领域，模拟人类专家回答问题或提供知识，帮助工作人员做出决策。

5. 强人工智能目标是（　　　　　　）。

6. 弱人工智能目标是（　　　　　　）。

7. ELIZA 是世界上第一个（　　　　　　）程序。

8. 随着人工智能的应用规模不断扩大，专家系统存在的应用领域狭窄、缺乏（　　　　　　）知识、知识获取困难、推理方法单一、缺乏分布式功能、难以与现有数据库兼容等问题逐渐暴露出来。

9. 人工智能程序（　　　　　　）连续战胜围棋世界冠军韩国的李世石和中国的柯洁。

10. （　　　　　　）是指通过模拟人类的智慧，人工智能开始具备自主思维意识，形成新的智能群体，能够像人类一样独自地进行思维。

11. 符号主义奠基人是（　　　　　　）。

12. （　　　　　　）系统遵从基本的物理学定律，并不局限于人类创造物质，它还可以由物质材料自然构成的系统来实现。

13. （　　　　　　）的出现，使得连接主义出现第一次热潮。

14. 连接主义奠基人是（　　　　　　）。

15. 仿生学派属于人工智能三大流派的（　　　　　　）。

16. 机器智能最低水平是（　　　　　　）。

17. 视觉、听觉、触觉等感知能力属于人工智能三个层次的（　　　　　　）层。

18. 人工智能知识体系划分为问题求解、（　　　　　　）、学习与发现、感知与理解、系统与建造五个知识单元。

五、简答题

1. 简述人工智能计算驱动的基本思想。

2. 简述人工智能知识驱动的基本思想。

3. 简述人工智能数据驱动的基本思想。

4. 举例你身边的人工智能。

5. 简述图灵测试。

6. 浅谈你对常识的理解。

7. 简述你对人工智能内涵的理解。

8. 简述人工智能三次浪潮。

9. 简述 ImageNet 项目。

第2章　新一代人工智能生态

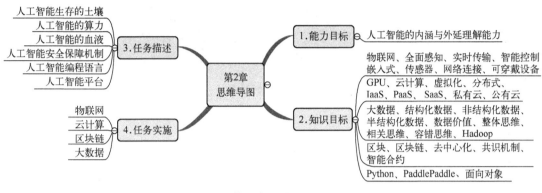

第 2 章思维导图

2.1　人工智能赖以生存的土壤——物联网

2.1.1　物联网概念

物联网（Internet of Things，IoT）就是把所有物品通过射频识别（RFID）、红外感应器、全球定位系统、激光扫描仪等信息传感设备与互联网连接起来（见图 2-1），进行信息交换和通信，实现智能化识别、定位、跟踪、监控和管理。举个例子，某科研室人员经常在实验室的二楼办公，但是咖啡机却放置在一楼，煮咖啡时经常需要到一楼看咖啡是否煮好？很不方便。于是他们在一楼安装了一个摄像头，并且编写了一套程序，以每秒 3 帧的速度将视频图像传输到二楼的计算机上，方便他们可以随时观察咖啡是否煮好了，这是物联网应用一个非常好的创意。

物联网具有以下特点。

1）全面感知，随时随地采集各种动态对象。

2）实时传送。

3）智能控制。

物联网是新一代人工智能发展的土壤和基础设施，应用于智能手机、智能音箱、智能家居、智能安防、智能交通、智能农业、智能物流及智慧城市等领域里，将改善人们的生活方式。

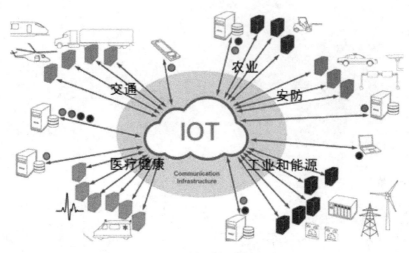

图 2-1　物联网示意图

2.1.2　物联网技术架构

图 2-2 给出了通用的物联网技术架构。

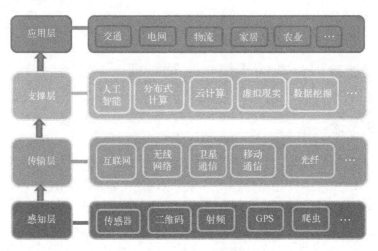

图 2-2　物联网技术架构

2.1.3　物联网感知层关键技术

1. 嵌入式系统技术

嵌入式系统已经广泛应用于各个科技领域和日常生活的每个角落。由于其本身的特性，使得人们很难发现它的存在。ARM 架构是最主要的嵌入式系统架构。图 2-3 展示了嵌入前后机器人对比，嵌入后机器人在跳动。

与通用计算机系统相比，嵌入式系统具有以下几个重要特征。

1）嵌入式系统是面向特定应用的，大多工作在为特定用户群设计的系统中，它通常具有低功耗、体积小、集成度高等特点。

嵌入式指的是把软件直接烧录在硬件里，而不是安装在外部存储介质上，就像赋予机器人灵魂，从而方便人类操控

嵌入前　　　　　　　　　　　　　　　　　　　　　嵌入后

图 2-3　嵌入前后机器人对比

2）硬件和软件都必须高效率地设计，量体裁衣、去除冗余，力争在同样的硅片面积上实现更高的性能，这样才能满足功能、可靠性和功耗的苛刻要求。

3）支持实时操作系统。嵌入式系统的应用程序可以不需要操作系统的支持直接运行，但是为了合理地调度多任务，充分利用系统资源，用户必须自行选配实时操作系统开发平台。

4）与具体应用有机地结合在一起，它的升级换代也是和具体产品同步进行的，因此嵌入式系统产品一旦进入市场，具有较长的生命周期。

5）软件一般都固化在存储器芯片或单片机本身中。

6）支持专门开发工具。嵌入式系统本身不具备自主开发能力，即使在设计完成以后，用户通常也不能对程序功能进行修改，必须有一套开发工具和环境才能进行开发，如评估开发板。

2. 传感器技术

（1）传感器概念

传感器是一种检测装置，能感受到被测量的信息，并能将感受到的信息，按一定规律变换成为电信号或其他所需形式的信息输出，以满足信息的传输、处理、存储、显示、记录和控制等要求。

（2）传感器的特点

传感器具有微型化、数字化、智能化、多功能化、系统化及网络化等特点。它是实现自动检测和自动控制的首要环节。传感器的存在和发展，让物体有了触觉、味觉和嗅觉等感官，让物体慢慢变得活了起来。通常根据其基本感知功能分为热敏元件、光敏元件、气敏元件、力敏元件、磁敏元件、湿敏元件、声敏元件、放射线敏感元件、色敏元件和味敏元件十大类。

（3）传感器的组成

传感器一般由敏感元件、转换元件、变换电路和辅助电源四部分组成。

敏感元件直接感受被测量，并输出与被测量有确定关系的物理量信号；转换元件将敏感元件输出的物理量信号转换为电信号；变换电路负责对转换元件输出的电信号进行放大调制；转换元件和变换电路一般还需要辅助电源供电。

（4）传感器的种类

图2-4展示了各种传感器。

图2-4　各种传感器

1）电阻式传感器。电阻式传感器是将被测量，如位移、形变、力、加速度、湿度及温度等这些物理量转换成电阻值的一种器件。主要有电阻应变式、压阻式、热电阻、热敏、气敏及湿敏等电阻式传感器件。

2）变频功率传感器。变频功率传感器通过对输入的电压、电流信号进行交流采样，再将采样值通过电缆、光纤等传输系统与数字量输入二次仪表相连，数字量输入二次仪表对电压、电流的采样值进行运算，可以获取电压有效值、电流有效值、基波电压、基波电流、谐波电压、谐波电流、有功功率、基波功率及谐波功率等参数。

3）称重传感器。称重传感器是一种能够将重力转变为电信号的力-电转换装置。

4）热电阻传感器。热电阻测温是基于金属导体的电阻值随温度的增加而增加这一特性来进行温度测量的。热电阻大都由纯金属材料制成。热电阻传感器可分为正温度系数传感器和负温度系数传感器。

5）激光传感器。激光传感器是利用激光技术进行测量的传感器。它由激光器、激光检测器和测量电路组成。激光传感器是新型测量仪表。

6）霍尔传感器。霍尔传感器是根据霍尔效应制作的一种磁场传感器。霍尔传感器分为线性型霍尔传感器和开关型霍尔传感器两种。线性型霍尔传感器由霍尔元件、线性放大器和射极跟随器组成，它输出模拟量。而开关型霍尔传感器由稳压器、霍尔元件、差分放大器、斯密特触发器和输出级组成，它输出数字量（见图2-5）。

3. 网络连接技术

网络连接技术用于连接外围设备到计算机、计算机到计算机、计算机到网络设备、网络设备到网络设备等。

常用的网络传输媒介可分为有线和无线两类。有线传输媒介主要有同轴电缆、双绞线及光缆；无线媒介有微波、无线电、激光和红外线等。

网络间连接设备充当"翻译"的角色，将一种网络中的"信息包"转换成另一种网络的"信息包"，即通常说的协议。物联网专用的通信协议包括 Zigbee、NFC、WiFi、GPRS、USB、NB-IoT、RFID、蓝牙、Lora 等。

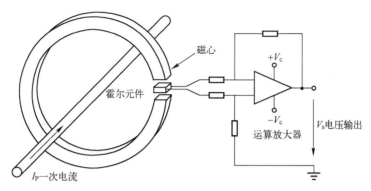

图 2-5　霍尔传感器

2.1.4　可穿戴设备

正如汽车仪表盘可以提前显示汽车快没油了，可穿戴设备也有望成为人们健康的"仪表盘"。不久的将来，可穿戴设备可通过追踪人们的运动、生活及睡眠习惯，在潜在的疾病出现前就发出预警（见图 2-6）。

图 2-6　可穿戴设备

智能手环、智能手表、智能衣服及智能鞋等可穿戴智能设备已进入人们日常生活。除了显示时间、同步手机程序等传统功能，这类设备还发展出监测步数、测量人体生理参数等与健康相关的功能。

可穿戴设备不仅可以及时发现感冒，还能帮助确诊以神经系统损害为主要表现的莱姆病。研究人员发现，那些具有胰岛素抵抗问题的 2 型糖尿病高风险人群的心脏跳动规律与正常人有所不同。这表示，可穿戴设备有潜质发展成一种简单、易操作的糖尿病检测工具。

汽车上现在可能有 400 多个传感器，在燃料耗尽、发动机过热等情况出现时，车上的仪表盘就会亮灯。在未来，随身携带的智能手机和其他设备等，将会通过传感器收集人体健康数据，打造一个身体的"仪表盘"，帮助人们提前探测到危险。

2.2 人工智能的算力——云计算

2.2.1 云计算概念

云计算是一种模型，它可以实现随时、随地、便捷、随需地从可配置计算资源共享池中获取所需的资源（例如网络、服务器、存储、应用及服务等），资源能够快速供应和释放，使管理资源的工作量和与服务提供商的交互减小到最低限度。

对一般的用户来说，"云计算"并不好理解，通俗点讲就是，让计算、存储、网络、数据、算法、应用等软硬件资源像电一样，按需所取、即插即用。

2.2.2 "云"服务

"云"服务包括基础设施即服务（IaaS）、平台即服务（PaaS）、软件即服务（SaaS），即"云计算"中的三种主要种类。而这三者便在"云计算"体系中以相互依存的关系存在着。用"房子"来做个简单的比喻，让大家来理解"云"服务。

房子是人们生活的必需品，从前的农村，人们生活所用的房子都是需要自己建造的。随着社会文明的不断发展，在后续的生活中，人们逐渐发现，自己建造房屋不仅成本很高，后期耗费的人工成本和时间精力都非常巨大，于是便有了"云"服务的概念。

IaaS相当于毛坯房，有专业的建筑商负责建造，并以商品的形式向人们进行出售。房子如何使用，完全由购买者自己决定，屋内的装修家居也可以自己主张。作为一种云计算服务产品，IaaS服务商支持用户访问服务器、存储器和网络等计算资源。用户可以在服务商的基础架构中使用自己的平台和应用（见图2-7a）。

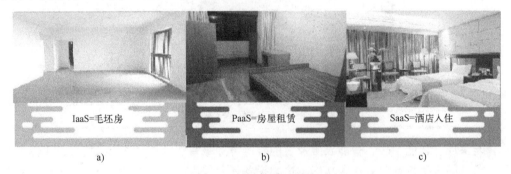

图 2-7 云计算基础设施

PaaS相当于房屋租赁，房子用途会被不同的条件所限制，屋内的装修家居都是由建筑商负责，不够再租也比较方便。作为一种云计算服务，PaaS能够提供运算平台与解决方案服务。服务商支持用户访问基于云的环境，而用户可以在其中构建和交付应用（见图2-7b）。

SaaS则相当于酒店入住，只需要办理"拎包入住"的流程即可，完全不用操心房屋的维护与管理，还有不同的风格和价位，可以随意选择。作为一种软件交付模式，SaaS在这种交付模式中仅需通过互联网服务用户，而不须通过安装即可使用（见图2-7c）。

总之，"云"服务作为互联网时代下的主流技术趋势，已经在不断地改变人们的工作和生活。

2.2.3　云计算核心技术——虚拟化和分布式

虚拟化和分布式在共同解决一个问题，就是物理资源重新配置形成逻辑资源。其中虚拟化做的是造一个资源池，而分布式做的是使用一个资源池。

虚拟化包括计算虚拟化、网络虚拟化和存储虚拟化（见图 2-8）。

计算虚拟化通常做的是一虚多，即一台物理机虚拟出多台虚拟机。

类似于计算虚拟化，网络虚拟化同样解决的是网络资源占用率不高、手动配置安全策略过于麻烦的问题。

存储虚拟化通常做的是多虚一，除了解决弹性、扩展问题外，还解决备份的问题。

图 2-8　虚拟化产生的三大资源池

2.2.4　"云"分类

1. 私有云

私有云是为某个特定用户/机构建立的，只能实现小范围内的资源优化，在一定程度上实现了社会分工，但是仍无法解决大规模范围内物理资源利用效率的问题。

2. 公有云

公有云是为大众建的，所有入驻用户都称租户，不仅同时有很多租户，而且一个租户离开，其资源可以马上释放给下一个租户。公有云是最彻底的社会分工，能够在大范围内实现资源优化。当然公有云尤其是底层公有云，不是一般人所能构建的。很多客户担心公有云的安全问题，敏感行业、大型客户可以考虑，但一般的中小型客户，不管是数据泄露的风险，还是停止服务的风险，公有云都远远小于自己架设机房。

3. 社区云

社区云是介于公有云、私有云之间的一个形式，每个客户自身都不大，但自身又处于敏感行业，上公有云在政策和管理上都有限制和风险，所以就多家联合做一个云平台。

4. 混合云

混合云是以上几种的任意混合，这种混合可以是计算的、存储的，也可以两者兼而有之。在公有云尚不完全成熟，而私有云存在运维难、部署时间长、动态扩展难的现阶段，混合云是一种较为理想的平滑过渡方式，短时间内的市场占比将会大幅上升。不混合是相对的，混合是绝对的。在未来，即使不是自家的私有云和公有云做混合，也需要内部的数据与服务与外部的数据与服务进行不断地调用（PaaS 级混合）。并且还有可能，一个大型客户把业务放在不同的公有云上，相当于把鸡蛋放在不同篮子里，不同篮子里的鸡蛋自然需要统一管理，这也算广义的混合。图 2-9 总结了不同云的特点及适应的客户。

分类	特点	适合行业及客户
公有云	规模化，运维可靠，弹性强	游戏，视频，教育等
私有云	自主可控，数据私密性好	金融、医疗、政务中的大客户
混合云	弹性、灵活但架构复杂	金融、医疗等

图 2-9　不同云的特点

2.3　人工智能的血液——大数据

2.3.1　揭秘大数据

大数据本身是一个抽象的概念，依托于互联网和云计算的发展，大数据在各行各业产生的价值越来越大，例如大数据+政府、大数据+金融、大数据+智慧城市、大数据+传统企业数字化转型、大数据+教育、大数据+交通等。大数据可以理解为一种资源或资产。

IBM 把大数据特征归结为 5V（见图 2-10）。

而人们所谈论的大数据实际上更多是从应用的层面，比如某公司搜集、整理了大量的用户行为信息，然后通过数据分析手段对这些信息进行分析，从而得出对公司有利用价值的结果。

一般而言，大数据是指数量庞大而复杂，传统的数据处理产品无法在合理的时间内捕获、管理和处理的数据集合。

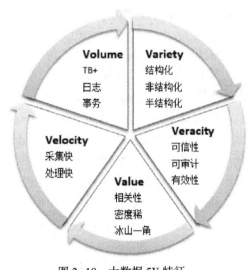

图 2-10　大数据 5V 特征

2.3.2　数据→价值

大数据的核心在于：整理、分析、预测及控制。重点并不是拥有了多少数据，而是拿数据去做什么。如果数据只是堆积在某个地方，那么它将是毫无用处的。它的价值在于"使用性"，而不是数量和存储的地方。任何一种对数据的收集都与它的功能有关。如果不能体现出数据的功能，大数据所有的环节都是低效的，也是没有生命力的。

数据的价值密度很低，人们最初看到的只是冰山一角（见图 2-11），需要深层次挖掘。

图 2-11　大数据价值

2.3.3　大数据思维

1. 整体思维

整体思维是根据全部样本得到结论，即"样本＝总体"。因为大数据是建立在掌握所有数据，至少是尽可能多的数据的基础上的，所以整体思维可以正确地考查细节并进行新的分析。如果数据足够多，它会让人们觉得有足够的能力把握未来，从而做出自己的决策。

结论：从采样中得到的结论总是有水分的，而根据全部样本中得到的结论水分就很少，数据越大，真实性也就越大。

2. 相关思维

相关思维要求人们只需要知道是什么，而不需要知道为什么。在这个不确定的时代，等找到准确的因果关系，再去办事的时候，这个事情早已经不值得办了。所以，社会需要放弃它对因果关系的渴求，而仅需关注相关关系。

结论：为了得到即时信息，实时预测，寻找到相关性信息，比寻找因果关系信息更重要。

3. 容错思维

实践表明，只有 5% 的数据是结构化且能适用于传统数据库的。如果不接受容错思维，剩下 95% 的非结构化数据都无法被利用。

对小数据而言，因为收集的信息量比较少，必须确保记下来的数据尽量精确。然而，在大数据时代，放松了容错的标准，人们可以利用这 95% 数据做更多更新的事情，当然，数据不可能完全错误。

结论：运用容错思维可以利用这 95% 的非结构化数据，帮助人们进一步接近事实的真相。

2.3.4　Hadoop

1. 谷歌三驾马车

谷歌为了业务需求开发了分布式文件存储系统（DFS）、分布式运算系统（MapReduce）和非关系型数据模型大表（BigTable），并相应地发表了三篇论文，历史上称为谷歌的三驾马车，如图 2-12 所示。

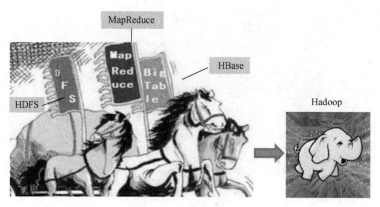

图 2-12　谷歌三驾马车

2. Hadoop 架构

Hadoop 是 Apache 基金会在谷歌三驾马车基础上的开源实现，丰富了 Zookeeper、Spark 及 Flume 等模块，形成了大数据处理底层分布式基础架构生态系统，如图 2-13 所示。

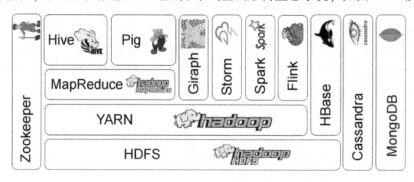

图 2-13　Hadoop 架构

图 2-14 各模块的功能见表 2-1。

表 2-1　Hadoop 各模块功能介绍

组　件	功　能
HDFS	分布式存储框架
MapReduce	静态数据批量处理框架
YARN	计算框架统一接口
Tez	运行在 YARN 之上的下一代 Hadoop 查询处理框架
Hive	Hadoop 上的数据仓库
HBase	Hadoop 上的非关系型分布式数据库
Pig	一个基于 Hadoop 的大规模数据分析平台，提供类似 SQL 的查询语言 Pig Latin
Sqoop	用于在 Hadoop 与传统数据库之间进行数据传递
Oozie	Hadoop 上的工作流管理系统
Zookeeper	提供分布式协调一致性服务

（续）

组　　件	功　　能
Storm	流计算框架
Flume	一个高可用的、高可靠的、分布式的海量日志采集、聚合和传输的系统
Ambari	Hadoop 快速部署工具，支持 Apache Hadoop 集群的供应、管理和监控
Kafka	一种高吞吐量的分布式发布订阅消息系统，可以处理消费者规模的网站中的所有动作流数据
Spark	通用并行框架（支持批量计算、流计算、图计算及查询分析）

3. HDFS

HDFS（Hadoop Distributed File System）是 Hadoop 生态的基础和核心，其结构如图 2-14 所示。

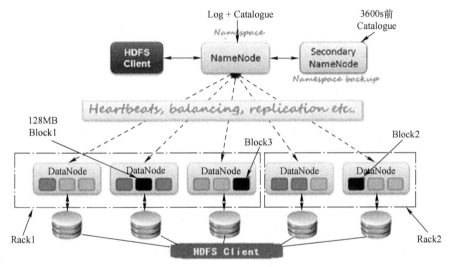

图 2-14　HDFS 架构

从图 2-14 可知：

1）HDFS=1 个 NameNode+1 个 Secondary NameNode+多个 DataNode。

2）NameNode 称为名称节点、命名空间、主节点或元数据节点，主要存放元数据（Meta）。

3）Secondary NameNode 称为从元数据节点，是命名空间的冷备份。

4）DataNode 称为数据节点，是存放数据的物理空间，以块（Block）为基本单位。

5）NameNode 和 DataNode 是主从结构。

6）块是 HDFS 操作最小单位，一般为 128 MB。

7）元数据（Meta）=文件目录结构信息（Catalogue）+操作日志信息（Log），是数据的描述信息。

8）NameNode 只存放 Catalogue，和 Secondary NameNode 之间只相差 3600 s 的 Catalogue。

9）DataNode 按机架（Rack）进行组织，图 2-14 有两个机架。

10）客户端只能同 NameNode 交互。

11）一个数据块通常要备份 3 份。第一份放到任务发起用户所在节点，如果请求是集群外发起，就随机选一不忙的节点；第二份放到与第一份不同的机架的节点上，第三份放到与第一份所在机架不同节点上，如图中标记黑色的块。

12）DataNode 定时向 NameNode 发送状态信息（心跳，Heartbeats），维护 Block 到本地文件系统（HDFS Client）的映射关系。

13）NameNode 的主要任务是监控心跳、负载平衡及数据块备份的位置信息。

4. MapReduce

图 2-15 给出了 MapReduce 基本架构。

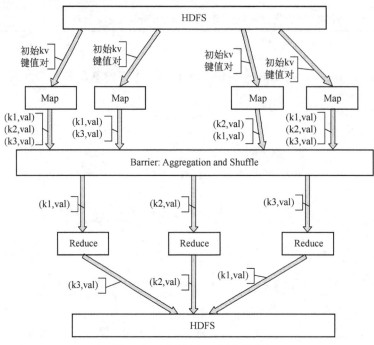

图 2-15　MapReduce 基本架构

从图 2-15 看出：

1）MapReduce＝若干 Map 过程＋若干 Reduce 过程。

2）MapReduce 是一个分布式计算框架。

3）Map 过程就是数据分解。

4）Reduce 过程就是计算汇总。

5）数据来自 HDFS，计算结果存储到 HDFS。

6）整个计算过程需要四个键值对。

7）Map 和 Reduce 之间通过 Shuffle 进行通信。

2.4　人工智能的安全保障——区块链

2.4.1　从比特币说起

1. 比特币的出现

比特币（Bitcoin）第一次进入大众视野，是中本聪（比特币创造者，但真实身份未知）

在 2008 年发表的论文"比特币：一种点对点的电子现金系统"，文中描述了一种被他称为"比特币"的电子货币及其算法。它与目前流通的大多数货币不同的是，比特币没有地界、没有区域，不受各国的政府和中央银行的控制，可以自由流通。它仅仅依据特定算法，通过大量的计算产生。该货币系统发行的总数量将被永久限制在 2100 万个，具有极强的稀缺性。

关于比特币的应用，事实上，只要有人接受，就可以使用比特币购买现实生活中的物品。2014 年 9 月 9 日，美国电商巨头 eBay 宣布，该公司旗下子公司 Braintree 将开始接受比特币支付。该公司已与比特币交易平台 Coinbase 达成合作，开始接受这种相对较新的支付手段。此后，世界各地包括我国逐渐出现用比特币进行交易支付。

2. 比特币的价值

一个比特币值多少钱？要先跟大家讲一个用比特币买比萨的小故事。2010 年 5 月 18 号，著名程序员 LaszloHanyecz 在比特币论坛 BitcoinTalk 上发帖声称："我可以付 9999 比特币来购买几个比萨，大概两个就够了，这样我可以吃一个然后留一个明天吃"。在这一笔交易中，一万比特币价值 41 美元，仅仅只够买两个比萨。在成功交易之后，到了 2010 年 8 月份，随着比特币正式交易所的上线，一万比特币价值 600 美元，11 月份的时候飙升到了 2600 美元，远远超出了两个比萨的价值。到 2016 年年底，1 比特币价值 980 美元左右，2017 年达到史上最高的 19500 美元，之后有所回落，最近一直稳定在 9300 美元左右，不知道 Laszlo Hanyecz 现在有何感想。图 2-16 给出了我国比特币市场价格走势图。

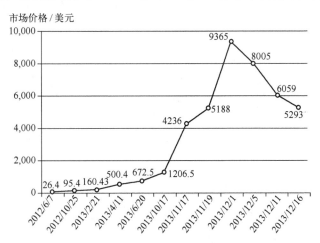

图 2-16 我国比特币市场价格走势图

3. 比特币安全

比特币的加密功能非常好，可以防止任何人造假。交易双方就像收发电子邮件一样，汇款方通过计算机或智能手机，按收款方地址将比特币直接付给对方。比特币钱包和地址可以在网站上下载，其中比特币地址是大约 33 位长的、由字母和数字构成的一串字符，总是由 1 或者 3 开头，例如"1DwunA9otZZQyhkVvkLJ8DV1tu SwWF7r3v"。每个比特币地址在生成时，都会有一个相对该地址的私钥生成，他们的关系就像银行卡号和密码。比特币地址就像银行卡号一样用来记录该地址上存有多少比特币，私钥就是密码，只有在知道银行密码的情况下才能使用银行卡号上的钱，这个私钥可以证明你对该地址上的比特币具有所有权。所以，在使用比特币钱包时请保存好地址和私钥。

4. 比特币矿工

矿工在字典里的定义是"现实社会中指在矿山上班的工人,包括各种矿山工种的工人的总称"。而比特币矿工是以计算机为手段,靠计算机的算力工作,获得相应的比特币奖励或者手续费。

早期矿工是能在自己的家庭计算机上挖掘比特币的,后来由于加入比特币网络的计算机越来越多,家庭计算机所能挖到的比特币分量非常稀少,因此出现了比特币专门矿机。比特币矿工通过矿机解决具有一定工作量的工作量证明机制问题,来管理比特币网络 —— 确认交易并且防止双重支付。中本聪把通过消耗 CPU 的电力和时间来产生比特币,比喻成矿工。比特币的挖矿软件主要是透过对等网络、数位签章、互动式证明系统来进行发起零知识证明与验证交易。

除了将接收到的交易资讯打包到区块,每个区块都会允许发行一定数量的新比特币,用来激励成功发现区块的矿工。

区块产生速率的预期为每 10 分钟一个,但在每个区块中,新发行的比特币不能超过 50个,而这个数字每产出 21 万个区块就会减半,大约每 4 年就会发生一次,且比特币总量不会超过 2100 万个。

2.4.2 比特币的底层技术

1. 区块链概念

人们发现比特币的底层技术——区块链(Blockchain)孕育着很多的机会。区块链是一种网络上多人记录的公共记账,记载所有交易记录(见图 2-17)。以前账本是一个人掌管,现在为了防止记账人贪污,每个人一个账本,都来记账、对账,作弊的情况就减少。每个人的账本就是区块,所有的账本就形成区块链。

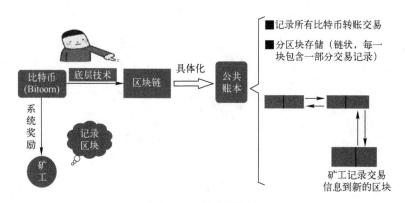

图 2-17　什么区块链

2. 区块链的主要特征

(1) 去中心化

以前是一个人记账,记账的那个人就是中心。现在每个人一个账本,所以也就没有中心了。也就是说,区块链基于分布式存储数据,没有中心进行管理,某个节点受到攻击和篡改不会影响整个网络的健康运作(见图 2-18)。

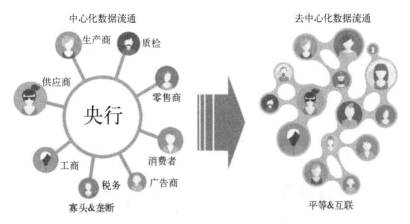

中心化数据流通　　　　　　　　去中心化数据流通

生产商　质检

供应商　　央行　　零售商

工商　　　　　消费者

税务　广告商

寡头&垄断　　　　　　　　　　平等&互联

图 2-18　去中心化的数据流通

（2）去信任

系统中所有节点之间无须信任也可以进行交易，因为数据库和整个系统的运作是公开透明的，在系统的规则和时间范围内，节点之间无法欺骗彼此。

（3）开放性

系统是开放的，除了交易各方的私有信息被加密外，区块链的数据对所有人公开，任何人都可以通过公开的接口查询区块链数据和开发相关应用，因此整个系统信息高度透明。

（4）自治性

区块链采用基于协商一致的规范和协议，使得整个系统中的所有节点能够在去信任的环境自由安全地交换数据，使得对"人"的信任改成了对机器的信任，任何人为的干预不起作用。

（5）信息不可篡改

一旦信息经过验证并添加至区块链，就会永久地存储起来，除非能够同时控制住系统中超过51%的节点，否则单个节点上对数据库的修改是无效的，因此区块链的数据稳定性和可靠性极高。

（6）匿名性

由于节点之间的交换遵循固定的算法，其数据交互是无须信任的（区块链中的程序规则会自行判断活动是否有效），因此交易对手无须通过公开身份的方式让对方对自己产生信任，这对信用的累积非常有帮助。

2.4.3　区块链核心技术

1. 区块链的链接

顾名思义，区块链即由一个个区块组成的链（见图 2-19）。每个区块分为区块头和区块体（含交易数据）两个部分。区块头包括用来实现区块链接的前一区块的哈希值（又称散列值）和用于计算挖矿难度的随机数。前一区块的哈希值实际是上一个区块头部的哈希值，而计算随机数规则决定了哪个矿工可以获得记录区块的权力。

2. 共识机制

可以将区块链理解为一个基于互联网的去中心化记账系统。类似比特币这样的去中心化

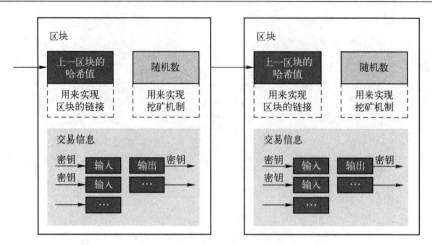

图 2-19　区块链的链接

数字货币系统，要求在没有中心节点的情况下保证各个诚实节点记账的一致性。所以区块链技术的核心是在没有中心控制的情况下，在互相没有信任基础的个体之间就交易的合法性等达成共识的机制。区块链的共识机制目前主要有 4 类：PoW、PoS、DPoS 及分布式一致性算法。

3. 解锁脚本

脚本是区块链上实现自动验证、自动执行合约的重要技术。每一笔交易的每一项输出严格意义上并不是指向一个地址，而是指向一个脚本。脚本类似一套规则，它约束着接收方怎样才能花掉这个输出上锁定的资产。

交易的合法性验证也依赖于脚本。目前它依赖于两类脚本：锁定脚本与解锁脚本。锁定脚本是在输出交易上加上的条件，通过一段脚本语言来实现，位于交易的输出。解锁脚本与锁定脚本相对应，只有满足锁定脚本要求的条件，才能花掉这个脚本上对应的资产，位于交易的输入。通过脚本语言可以表达很多灵活的条件。解释脚本是通过类似编程领域里的"虚拟机"，分布式运行在区块链网络里的每一个节点。

4. 交易规则

区块链的交易就是构成区块的基本单位，也是区块链负责记录的实际有效内容。一个区块链交易可以是一次转账，也可以是智能合约的部署等其他事务。

5. Merkle 证明

Merkle 证明的原始应用是比特币系统，它是由中本聪在 2009 年描述并且创造的。比特币区块链使用了 Merkle 证明，为的是将交易存储在每一个区块中，使得交易不能被篡改，同时也容易验证交易是否包含在一个特定区块中。

6. RLP

RLP（Recursive Length Prefix，递归长度前缀编码）是 Ethereum 中对象序列化的一个主要编码方式，其目的是对任意嵌套的二进制数据的序列进行编码。

2.4.4　区块链应用

区块链应用的场景很多，图 2-20 梳理了其中七大应用场景。

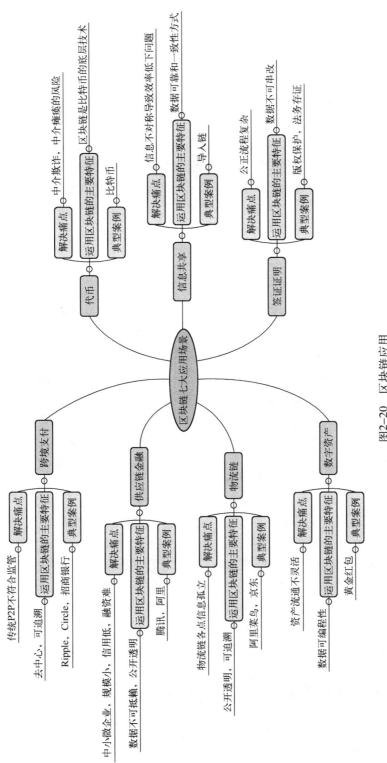

图2-20　区块链应用

区块链这么火，但实际应用的案例却少之又少；并非区块链技术目前存在的问题阻碍了其大范围的应用，也不是区块链可以应用的场景非常少，其最大的难题可能远在技术之外，因为区块链商用牵扯到各方的利益。

2.4.5 区块链与人工智能的结合

人工智能的学习特性和区块链的加密安全性已经被认为是未来不可抗拒的力量。在过去一年中，Google 对区块链的搜索请求增加了 250%，突显了该技术近年来的突出地位。

1. 区块链底层安全成本低，为集群计算安全提供支撑

从根本上说，区块链是一系列信息，可以添加但不能重写。这意味着可以创建新细节的附件，形成新的块，传统的加密安全内容在任何情况下都不会改变。区块链的安全性是通过共识驱动的。这使得区块链成为一种独特的安全在线业务方式，具有值得信赖的所有权记录。从根本上说，区块链是第一种能够以分散的方式转移数字化所有权的技术。

2. 人工智能能够保证区块链高层也是安全的

通过机器学习，人工智能能够自动执行预测分析，使计算机能够利用大型数据集来做出准确而明智的决策。

区块链底层是非常安全的，但它的高层（DAO、Mt Gox、Bitfinex 等）则不那么安全。机器学习近年来在复杂性方面取得了很大进步，并使人工智能能够提供安全的应用程序部署，有助于确保区块链的所有组件都安全可靠。

当人工智能仍然处于加密状态时，人工智能也能够很快构建具有大数据的算法。由于区块链能够以不需要加密的方式处理信息，人工智能可以保证数据始终是安全的。

3. 人工智能能够为区块链管理带来大量的计算

在传统计算机上管理区块链需要大量的处理能力来完成任务，这是由于区块链具有很强的加密性质，以及缺乏完成这些任务的显式指令。但随着人工智能适应性的逐渐增强，区块链的管理方式被一种更为精确性的方式所取代，这种方式是更智能的机器所能够发挥的。

4. 区块链和人工智能协同效应是双向的

人类在计算中容易犯错并且速度较慢，因此人工智能在处理区块链技术时更具吸引力。区块链和人工智能协同效应的好处也不是单行道，区块链技术可以为人工智能带来许多增强功能。值得注意的是，区块链极大地提高了人工智能的可信度。这意味着人工智能能够更容易地通过区块链的信息链来解释其思维过程。由于其能够处理的信息深度，区块链拥有的大量数据也可以使人工智能程序更加有效。区块链还具有降低人工智能处理敏感数据相关风险的巨大潜力。人工智能正在协助区块链发展的产业之一是智能合约，它一种在线制定安全协议的方式，可应用于就业、网上购物或者住房中。例如，已经有不少公司允许投资者使用区块链来获得房地产资产的所有权。

2.5 人工智能的编程语言——Python

本节不是讲 Python 语言，而是理解人工智能也需要编程，了解 Python 语言编程优势，想学习 Python 的请看相关课程。

2.5.1　面向对象编程思想

1. 面向对象要素

图 2-21 给出了面向对象的要素示意图。

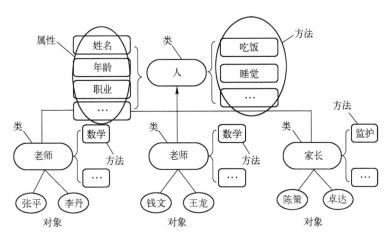

图 2-21　面向对象要素

1）对象：凡是具有状态和行为的实体皆为对象；如张三、李四等。

2）类：创建一类具有相同特征的对象的模板，是计算机中对于对象的抽象；如人、老师、学生等。

3）属性：属性对应着对象的状态，是计算机中表示对象状态的数据结构；如年龄、性别、职业等。

4）方法：方法对应着对象的行为，是计算机对对象行为的一种抽象，是处理业务逻辑的关键所在。

5）封装：封装就是把属性和方法封装到一个类中，通过方法来修改和执行业务，有利于后期的修改和维护。

6）继承：继承的主要目的是实现方法的多态性和代码的可重用性。张三的"姓名""年龄"就是对父类属性的继承。

7）多态：多态就是一个对象对应着不同类型，根据不同的条件，做出对应的动作；如张三的喜怒哀乐。

2. 真正的面向对象编程思想是怎样的？

1）面向对象编程思想就是忘掉一切关于计算机的东西，从问题领域考虑问题，即忘掉语言本身，只有逻辑。

2）将分析过程看作抽象的过程，简言之，把大的问题分成多个小问题（组成部分），直到无法再细分。

3）对每个对象（小问题）进行分析、抽象，提取出共同的内容（成员和方法）。

4）由相似的对象构造基类；再由基类派生出各个子类（小问题）。

5）解决问题的过程就是操作这些对象的过程。

6）面向对象技术的出现是因为软件的规模和复杂度不断扩大，导致了软件开发的危机。人们认识到人脑的分析和理解问题的模式类似面向对象。

7）了解系统的功能。列举出它的对外接口，即对于使用者来说它有什么功能，把整个系统作为一个对象。

8）面向对象包括两个思想：从大往小想，从小往大做；从难往易想，从易往难做。

9）现实中的一切都是对象，它们有分类，就产生了"类"；同一个类中不同的对象的区别，使用成员区分。

10）面向对象是一种思维方式，即使用计算机语言描述现实世界的一种方式，以所感兴趣的实体为对象，通过一定的数据结构和类型来描述该实体。

11）面向对象编程思想就是把要解决问题中涉及的实体一个一个分析清楚，找出彼此之间的差异和共同点，以及相互之间的联系。对于共性的实体就定义成父类，在父类的基础上再进行分析，直到描述了每个实体。

12）面向对象编程思想的一个重要特征是继承。所以，有对象而没继承的只能叫基于对象，只有有了继承才能叫面向对象。简单地说，一个程序模块不需要原程序员的解释，另一个程序员就可以进行二次开发，这就是对象封装成功了。

2.5.2　学习 Python 的理由

如果想要进入人工智能领域从事研究，学习 Python 是最佳选择，因为它有强大的 API 和可用于人工智能、数据科学和机器学习的库。

1. 提供了多种框架

Python 提供了机器学习 PyBrain、数值计算 NumPy 和数据库管理 PyMySQL 等多种框架；使用 Python 的另一个原因是多样性，Python 相比任何其他语言允许做更多的事情，例如可以创建脚本来自动化内容，进行 Web 开发等。

2. 面向对象方式简单化

Python 既支持面向过程的编程，也支持面向对象的编程。在"面向对象"的语言中，程序是由数据和功能组合而成的对象构建起来的。与其他主要的程序语言相比，Python 以一种非常强大而又简单的方式实现面向对象编程。

2.5.3　Python 的核心语法

1. 语句和语法

1）#：注释。

2）\：转义回车，续行，在一行语句较长的情况下可以使用其来切分成多行，因其可读性差所以不建议使用。

3）;：将两个语句连接到一行，可读性差，不建议使用。

4）:：将代码的头和体分开。

5）语句（代码块）用缩进方式体现不同的代码级别，建议采用 4 个空格（不要使用 Tab）。

6）Python 文件以模块的方式组织，模块实际上就是以 .py 结尾的文件。

2. 变量定义与赋值

1）Python 为动态语言，变量及其类型均无须事先声明类型。

2）变量必须先赋值，才可使用。

3. 标识符

1）定义：标识符指允许作为名字的有效字符串集合。

2）名字必须有实际意义，可读性好。

3）首字母必须是字母或下划线(_)。

4）剩下的字符可以是字母和数字或者下划线。

5）标识符名称大小写敏感。

6）标识符不能使用关键字或内建函数。

4. 数据结构

（1）列表 list

1）列表中的每个元素都是可变的，意味着可以对每个元素进行修改和删除。

2）列表是有序的，每个元素的位置是确定的，可以用索引去访问每个元素。

3）列表中的元素可以是 Python 中的任何对象，如字符串、整数、元组等。

（2）元组 tuple

元组可以理解为一个固定的列表，一旦初始化其中的元素便不可修改，只能对元素进行查询。

（3）字典 dict

字典这个概念是基于现实生活中的字典原型，生活中使用名称–内容对数据进行构建，Python 中使用键（key）–值（value）存储。

1）键不可重复，值可重复。键若重复则字典中只会记该键对应的最后一个值。

2）字典中键（key）是不可变的，为不可变对象，不能进行修改；而值（value）是可以修改的，可以是任何对象。

（4）集合 set

集合更接近数学上集合的概念。集合中每个元素都是无序的、不重复的任意对象。可以通过集合去判断数据的从属关系，也可以通过集合把数据结构中重复的元素减掉。集合可做集合运算，也可添加和删除元素。

5. 第三方包

（1）Numpy（数值运算库）

Numpy 库支持在多维数据上的数学运算，提供数字支持以及相应高效的处理函数，很多更高级的扩展库（包括 Scipy、Matplotlib、Pandas 等库都依赖于 Numpy 库）。

（2）Scipy（科学计算库）

Scipy 库提供矩阵支持，以及矩阵相关的数值计算模块，其功能包含最优化、线性代数、积分、插值、拟合、信号处理和图像处理以及其他科学工程中常用的计算。

（3）Matplotlib（基础可视化库）

Matplotlib 库提供强大的数据可视化工具以及作图库，其主要用于二维绘图，也可以进行简单的三维绘图。

（4）Pandas（数据分析库）

Pandas 用于管理数据集，其强大、灵活的数据分析和探索工具，带有丰富的数据处理函数，支持序列分析功能，支持灵活处理缺失数据等。

1）Pandas 基本的数据结构是 Series 和 DataFrame。

2）Series 就是序列，类似一维数组。

3）DataFrame 相当于一张二维的表格，类似二维数组，它的每一列都是一个 Series。

4）为了定位 Series 中的元素，Pandas 提供了 Index 对象，每个 Series 都会带有一个对应的 Index，用来标记不用的元素。

5）DataFrame 相当于多个带有同样 Index 的 Series 的组合（本质是 Series 的容器）。

（5）Seaborn（高级可视化库）

Seaborn 库是基于 Matplotlib 的高级可视化库。

（6）Scikit-learn（机器学习库）

Scikit-learn 库包含大量机器学习算法的实现，其提供了完善的机器学习工具箱，支持预处理、回归、分类、聚类、降维、预测和模型分析等强大的机器学习库，近乎一半的机器学习和数据科学项目都使用了该包。

2.6　人工智能项目开发框架——PaddlePaddle

2.6.1　PaddlePaddle 简介

在深度学习初始阶段，每个深度学习研究者都需要写大量的重复代码。为了提高工作效率，研究者将这些代码写成了一个框架放在互联网上让所有研究者一起使用。接着，互联网上就出现了不同的框架。随着时间的推移，最为好用的几个框架被大量的人使用从而流行了起来。全世界最为流行的深度学习框架有 PaddlePaddle、Tensorflow、Caffe、Theano、MXNet、Torch 和 PyTorch。

2016 年 9 月 1 日百度世界大会上，百度首席科学家 Andrew Ng（吴恩达）首次宣布将百度深度学习平台对外开放，命名 PaddlePaddle。

PaddlePaddle 作为国内首个深度学习开源平台，由百度研发团队推出。它是简单易用的，可以通过简单的十数行配置搭建经典的神经网络模型；它也是高效强大的，PaddlePaddle 可以支撑复杂集群环境下超大模型的训练。在百度内部，已经有大量产品线使用了基于 PaddlePaddle 的深度学习技术。

官方网站：http://www.paddlepaddle.org/

中文社区：http://ai.baidu.com/forum/topic/list/168

Github：http://www.github.com/padddlepaddle/paddle

1. 为什么选择 PaddlePaddle

PaddlePaddle 依托百度业务场景的长期锤炼，拥有最全面的官方支持的工业级应用模型，涵盖自然语言处理、计算机视觉及推荐引擎等多个领域，并开放多个领先的预训练中文模型，以及多个在国际范围内取得竞赛冠军的算法模型。

PaddlePaddle 支持千亿规模参数、数百个节点的高效并行训练。PaddlePaddle 拥有强大的多端部署能力，支持服务器端、移动端等多种异构硬件设备的高速推理，预测性能有显著优势。

　　PaddlePaddle 3.0 版本升级为全面的深度学习开发套件，除了核心框架，还开放了 VisualDL、PARL、AutoDL、EasyDL、AI Studio 等一整套的深度学习工具组件和服务平台，更好地满足不同层次的深度学习开发者的开发需求，具备了强大支持工业级应用的能力，已经被我国企业广泛使用，也拥有了活跃的开发者社区生态。

2. PaddlePaddle 全景

　　PaddlePaddle 不仅包含深度学习框架，还提供了一整套紧密关联、灵活组合的完整工具组件和服务平台，有利于深度学习技术的应用落地，PaddlePaddle 全景如图 2-22 所示。

服务平台	EasyDL 零基础定制化训练和服务平台				AI Studio 一站式开发平台	
工具组件	PaddleHub 迁移学习	PARL 强化学习	AutoDL Design自动化 网络结构设计	VisualDL 训练可视化工具	EDL 弹性深度学习计算	
核心框架	模型库					
	PaddleHub			PaddleHub		PaddleHub
	开发			训练		预测
	动态图	静态图	大数据分布式训练	工业级数据处理	Paddle	Paddle	Paddle	安全与加密

图 2-22　PaddlePaddle 全景

2.6.2　AI Studio

　　AI Studio 一站式深度学习开发平台集开放数据、开源算法及免费算力三位一体，为开发者提供高效学习和开发环境、高价值高奖金竞赛项目，支撑高校老师轻松实现人工智能教学，并助力企业加速落地人工智能业务场景。

　　AI Studio 平台已经为使用者预置了 Python 语言环境，以及百度 PaddlePaddle 深度学习开发框架，同时用户可以在其中自行加载 Scikit-learn 等机器学习库。

　　图 2-23 为 AI Studio 启动主页面，分为四个模块：数据集、比赛、课程及社区。

图 2-23　AI Studio 启动主页面

具体使用见官方网站 https：//aistudio. baidu. com/。

项目 1. Python 入门课程 1——基本操作

项目 2. Python 入门课程 2——字典和元组

项目 3. Python 入门课程 3——面向对象编程

习题 2

一、名词解释

1. 物联网　　　　　2. 传感器　　　　　3. 云计算　　　　　4. 存储虚拟化

5. 公有云　　　　　6. 大数据　　　　　7. 区块链　　　　　8. 结构化数据

9. 非结构化数据　　10. 半结构化数据

二、选择题

1. 人工智能赖以生存的土壤是（　　　）。

A. 物联网　　　　　B. 大数据　　　　　C. 区块链　　　　　D. 云计算

2. 人工智能的血液是（　　　）。

A. 物联网　　　　　B. 大数据　　　　　C. 区块链　　　　　D. 云计算

3. 人工智能的算力是（　　　）。

A. 物联网　　　　　B. 大数据　　　　　C. 区块链　　　　　D. 云计算

4. 人工智能的安全保障是（　　　）。

A. 物联网　　　　　B. 大数据　　　　　C. 区块链　　　　　D. 云计算

5. （　　　）不是人工智能的核心要素。

A. 算法　　　　　B. 算力　　　　　C. 数据　　　　　D. 网络

6. （　　　）不是物联网具有的特点。

A. 全面感知　　　　B. 实时传送　　　　C. 智能控制　　　　D. 存储

7. 物联网技术架构一般采用（　　　）层。

A. 4　　　　　B. 5　　　　　C. 6　　　　　D. 8

8. 物联网技术架构最底层是（　　　）。

A. 感知层　　　　　B. 传输层　　　　　C. 支撑层　　　　　D. 应用层

9. 物联网技术架构最高层是（　　　）。

A. 感知层　　　　　B. 传输层　　　　　C. 支撑层　　　　　D. 应用层

10. （　　　）不是物联网感知层技术。

A. 传感器技术　　　B. 嵌入式技术　　　C. 网络连接技术　　D. 存储技术

11. 云服务不包括（　　　）。

A. IaaS　　　　　B. PaaS　　　　　C. SaaS　　　　　D. QaaS

12. 基础设施即服务指（　　　）。

A. IaaS　　　　　B. PaaS　　　　　C. SaaS　　　　　D. QaaS

13. 平台即服务指（　　　）。

A. IaaS　　　　　B. PaaS　　　　　C. SaaS　　　　　D. QaaS

14. 软件即服务指（　　　）。

A. IaaS　　　　　　　B. PaaS　　　　　　　C. SaaS　　　　　　　D. QaaS

15. 大数据思维不包括（　　　）思维。

A. 相关　　　　　　　B. 容错　　　　　　　C. 因果　　　　　　　D. 整体

三、判断题

1. 目前物联网行业，在嵌入式方面，ARM 架构是最主要的架构。　　　　　（　　　）

2. 私有云是为某个特定用户/机构建立的，只能实现小范围内的资源优化。　（　　　）

3. 公有云是最彻底的社会分工，不能够在大范围内实现资源优化。　　　　（　　　）

4. 存储虚拟化通常做的是多虚一，除了解决弹性、扩展问题外，还解决备份的问题。

（　　　）

5. 运用容错思维可以利用 99% 的非结构化数据，帮助人们进一步接近事实的真相。

（　　　）

6. Map 主义任务是数据分解。　　　　　　　　　　　　　　　　　　　（　　　）

7. Map 和 Reduce 之间通过 Shuffle 进行通信。　　　　　　　　　　　　（　　　）

8. 区块链基于分布式存储数据，没有中心进行管理，某个节点受到攻击和篡改不会影响整个网络的健康运作。　　　　　　　　　　　　　　　　　　　　　　（　　　）

9. 区块链即由一个个区块组成的链。每个区块分为区块头和区块体（含交易数据）两个部分。　　　　　　　　　　　　　　　　　　　　　　　　　　　　　（　　　）

10. 可以将区块链理解为一个基于互联网的去中心化记账系统。　　　　　（　　　）

11. 面向对象编程思想就是忘掉一切关于计算机的东西，从问题领域考虑问题，即忘掉语言本身，只有逻辑。　　　　　　　　　　　　　　　　　　　　　　　　（　　　）

12. 面向对象编程思想的一个重要特征是多态。　　　　　　　　　　　　（　　　）

13. 封装就是把属性和方法封装到一个类中，通过方法来修改和执行业务，有利于后期的修改和维护。　　　　　　　　　　　　　　　　　　　　　　　　　　（　　　）

14. 大数据的 5 V 特征中的 Value 指数据价值大。　　　　　　　　　　　（　　　）

15. 每个比特币地址在生成时，都会有一个相对应该地址的私钥生成。　　（　　　）

16. 区块链是第一种能够以分散的方式转移数字化所有权的技术。　　　　（　　　）

17. 区块链的高层（DAO、Mt Gox、Bitfinex 等）非常安全。　　　　　　（　　　）

四、填空题

1. 虚拟化包括计算虚拟化、网络虚拟化和（　　　）。

2. 大数据的核心在于：整理、分析、（　　　）、控制。

3. 为了得到即时信息，实时预测，寻找到（　　　）性信息，比寻找因果关系信息更重要。

4. （　　　）形成了大数据处理底层分布式基础架构生态系统。

5. 比特币的（　　　）非常好，可以防止任何人造假。

6. （　　　）是一种网络上多人记录的公共记账，记载所有交易记录。

7. （　　　）的主要目的是实现方法的多态性和代码的可重用性。

8. 现实中的一切都是对象，它们有分类，就产生了"类"；同一个类中不同对象的区别，使用（　　　）区分。

9. 在"面向对象"的语言中,(　　) 是由数据和功能组合而成的对象构建起来的。

10. IoT 是 (　　) 的英文缩写。

11. IaaS 指 (　　)。

12. PaaS 指 (　　)。

13. SaaS 指 (　　)。

五、简答题

1. 简述物联网技术架构特点。

2. 简述物联网感知层关键技术。

3. 浅谈你对大数据价值的理解。

4. 简述面向对象编程基本思想。

行业应用篇

人工智能应用在行业中会带来两项变革，一是借助机器提高工作效率；二是提供基于知识的专家助手帮助人们更好地决策。前者人工智能取代部分人力，后者人工智能赋能人类专家，增强人类的能力。通过本篇学习，读者可以了解到人工智能技术用于制造业，如视频分析用来做产品缺陷检测与质量控制；人工智能医生，根据医学指南，与临床数据中学到的知识，为人类医生提供实时的诊疗建议；人工智能教师，通过采集学生的学习状态数据，因材施教，向幼儿呈现最有价值的教学方式等。

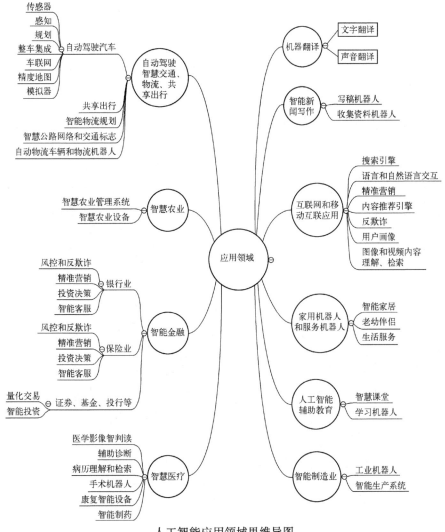

人工智能应用领域思维导图

第3章 AI+交通——改变人类的出行方式

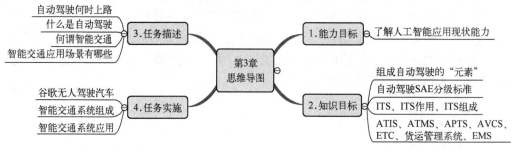

第3章思维导图

3.1 智能汽车时代

3.1.1 智能汽车技术原理

智能汽车是搭载先进车载传感器、控制器、执行器等，融合现代通信与网络技术，实现人、车、路、后台等智能信息交换共享，具备复杂环境感知、智能决策、协同控制和执行等功能，可实现安全、舒适、节能、高效行驶，并最终可替代人来操作的新一代汽车。汽车被认为是继手机之后，下一个智能终端。如图3-1展示了智能汽车的技术体系。

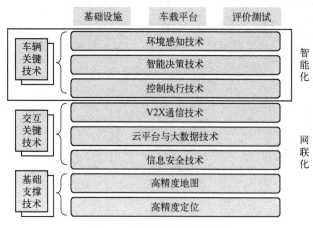

图3-1 智能汽车体系结构

1. 硬件——智能感知设备集成化

自动驾驶汽车是智能汽车代表,可以被理解为"站在四个轮子上的机器人",利用传感器、摄像头及雷达感知环境,使用 GPS 和高精度地图确定自身位置,从云端数据库接收交通信息,利用处理器使用收集到的各类数据,向控制系统发出指令,实现加速、刹车、变道、跟随等各种操作。硬件主要包括激光测距仪、车载雷达、视频摄像头、微型传感器、GPS 导航定位及计算机资料库等。如图 3-2 所示为汽车智能感知设备集成化。

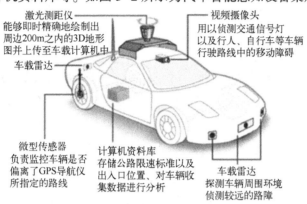

图 3-2 汽车智能感知设备集成化

2. 软件——智能驾驶辅助系统集成化(ADAS)

高级驾驶辅助系统利用安装在车上的各式各样传感器,在汽车行驶过程中随时感应周围环境,收集数据,进行静态、动态物体的辨识、侦测与追踪,并结合导航仪地图数据,进行系统的运算与分析,从而预先让驾驶者察觉到可能发生的危险,有效增加汽车驾驶的舒适性和安全性。

(1)定速巡航/自适应巡航系统

定速巡航系统(Cruise Control System,CCS)是车辆可按照一定的速度匀速前进,无须踩油门,需要减速时,踩刹车即可自动解除。自适应巡航系统(Adaptive Cruise Control,ACC)在定速巡航功能之上,还可根据路况保持预设跟车距离以及随车距变化自动加速与减速,刹车后不能自动起步。全速自适应巡航系统相较于自适应巡航系统,全速自适应巡航的工作范围更大,刹车后可自动起步。

(2)车道偏离/保持系统

车道偏离警示系统包括并线辅助和车道偏离预警,并线辅助也叫盲区监测,是辅助并线的,只能做到提醒,不能完成并线。车道偏离预警,大部分以摄像头作为眼睛,摄像头实时监测车道线,偏移时以图像、声音、震动等形式提醒驾驶员,如图 3-3 和图 3-4 所示。

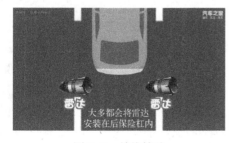

图 3-3 并线辅助

图 3-4 车道偏离预警

（3）智能刹车辅助系统

智能刹车辅助系统包括机械刹车辅助系统和电子刹车辅助系统。机械刹车辅助系统也称为 BA 或 BAS，实质是在普通刹车加力器基础上修改而成，在刹车力量不大时，起加力器作用，随着刹车力量增加，加力器压力室压力增大，启动防抱死刹车系统 ABS，它是电子紧急刹车辅助装置的前身。电子刹车辅助系统也称为 EBA，其利用传感器感应驾驶员对刹车踏板踩踏的力度、速度，通过计算机判断其刹车意图。若属于紧急刹车，EBA 指导刹车系统产生高油压发挥 ABS 作用，使刹车力快速产生，缩短刹车距离；对于正常情况刹车，EBA 通过判断不予启动 ABS。

（4）自动泊车系统

自动泊车系统包括超声波探测车位、摄像头识别车位及切换泊车辅助档。超声波探测车位自带超声波传感器，探测出适合的停车空间，摄像头识别车位摄像头自动检索停车位置，并在空闲的停车位旁边自动开始驻车辅助操作，切换泊车辅助档自动接管方向盘来控制方向，将车辆停入车位。如图 3-5 所示为自动泊车辅助系统。

图 3-5　自动泊车辅助系统

（5）交通标志信号灯识别

交通标志识别（Traffic Sign Recognition，TSR），是一种提前识别和判断道路交通标志的智能高科技。TSR 的另一个效用是和车辆导航系统结合，实时识别道路交通标志并将信息传输给导航系统。交通信号灯识别系统（Traffic Light Recognition，TLR），是一种识别交通信号灯的智能高科技，并提前通知驾驶员前方信号灯状况。另外，TLR 也可和车辆巡航系统或者影像存储系统结合使用，更有效地帮助驾驶。

（6）碰撞预警系统

疲劳驾驶预警系统（Driver Fatigue Monitor System，DFM），基于驾驶员生理图像反应，由车载计算机 ECU 和摄像头组成，利用驾驶员面部特征、眼部信号、头部运动性等推断疲劳状态，并进行报警提示和采取相应措施的装置，对驾乘者给予主动智能的安全保障。夜视系统（Night Vision System，NVS），主要使用热成像技术，即红外线成像技术：任何物体都会散发热量，不同温度的物体散发的热量不同。夜视系统可收集这些信息，再转变成可视的图像，把夜间看不清的物体清楚地呈现在眼前，增加夜间行车的安全性。

3.1.2 SAE 分级标准

虽然自动驾驶汽车产业发展如火如荼，但目前仍有一个问题还没有最终答案，那就是自动驾驶汽车什么时间能够真正商用，成为我们日常生活的组成部分。从现实来看，目前没有任何一种实用性的方式可以在自动驾驶汽车广泛部署前验证其安全性。另一个关键问题是，自动驾驶汽车上路前应该有"多安全"？即使自动驾驶汽车事故率远低于人类驾驶员，人们还是接受不了将生命安全交给一个自己不了解的机器人。

汽车工程协会（SAE）根据不同路况，提出了自动驾驶分级标准，根据道路适应性将自动驾驶分为五个级别（Level 0~ Level 5）。显然，多数人所理解的高度自动化的自动驾驶是Level 5 级别，也就是自动驾驶的最高形态，但 Level 5 级别的高度自动化驾驶离量产目前还比较遥远。所以，先拥有成熟的驾驶辅助系统（也就是满足 Level 1~ Level 3 级别）是实现高度自动化的基础。如图 3-6 所示为自动驾驶不同分级标准及定义。

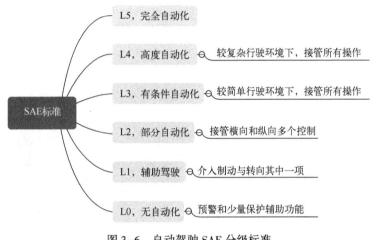

图 3-6 自动驾驶 SAE 分级标准

在 SAE 分级标准中的 L4 自动驾驶车辆将在未来 5 年出现，而完全无人驾驶汽车（L5以上）的应用则将在 10 年以后，原因是目前存在很大的阻碍。一方面，L5 意味着自动驾驶系统操作车辆不会受到任何环境限制，但真实世界中很多区域都是非结构化道路，也没有明显的车道或交通标志，为自动驾驶系统的构建带来了更大的困难。另一方面，软件的进步速度难以跟上硬件。一是研发识别和验证物体需要的数据融合技术，相关数据可能来自固定物体、激光点云、摄像头图像等多个地方；二是研发覆盖所有场景的"IF-THEN"引擎，模拟人的决策，需要不断将不同场景加入人工智能系统的训练中；三是构建一个可以验证故障安全措施的系统，保证车辆在出现故障时依然有安全措施保证乘客的安全，需要预知软件可能出现的各种情况及相关后果。以上软件系统的构建都需要大量的时间，这也是自动驾驶汽车迈向高级别的难点所在。

3.2　智能交通系统

3.2.1　智能交通系统构成

1. 智能交通系统概念

智能交通系统（Intelligent Transportation System，ITS）是将先进的信息技术、通信技术、传感技术、控制技术以及计算机技术等有效地集成运用于整个交通运输管理体系，而建立起的一种在大范围内、全方位发挥作用的，实时、准确、高效的综合运输和管理系统。

2. 智能交通系统的作用

智能交通系统通过人、车、路的和谐、密切配合提高交通运输效率，缓解交通阻塞，提高路网通过能力，减少交通事故，降低能源消耗，减轻环境污染。其主要作用包括交通信号控制、交通监视、交通信息动态显示、交通诱导、电子收费、交通运输安全报警、闯红灯违章监测及交通事故快速勘查等。

3. 智能交通系统的组成

图 3-7 展示了智能交通系统组成。

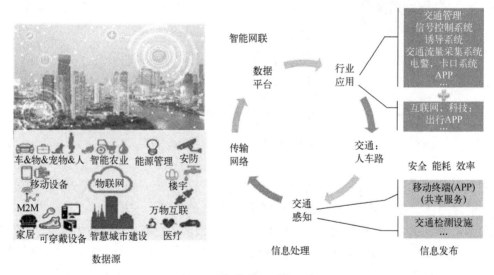

图 3-7　智能交通系统组成

在交通领域，人工智能不仅能够管理实时的交通数据，它还能通过对历史数据的深度挖掘和梳理，形成多维度的综合交通管理策略，缓解交通阻塞，减少交通事故，提高路网通过能力，提升通行效率，降低能源消耗，减轻环境污染。

从另外一个角度看，智能交通系统可以分为几个子系统：道路子系统、装备子系统、出行服务子系统、营运监管子系统、营运市场子系统、交通指挥中心子系统及交通规划子系统等。

3.2.2 智能交通应用场景

1. 先进的交通信息服务系统（ATIS）

ATIS 是建立在完善的信息网络基础上的。交通参与者通过装备在道路上、车上、换乘站上、停车场上以及气象中心的传感器和传输设备，向交通信息中心提供各地的实时交通信息；ATIS 得到这些信息并通过处理后，实时向交通参与者提供道路交通信息、公共交通信息、换乘信息、交通气象信息、停车场信息以及与出行相关的其他信息；出行者根据这些信息确定自己的出行方式、选择路线。更进一步，当车上装备了自动定位和导航系统时，该系统可以帮助驾驶员自动选择行驶路线。表 3-1 给出了我国 ITS 体系框架（第二版）用户服务列表。

表 3-1　我国 ITS 体系框架（第二版）用户服务列表

用户服务领域	用户服务
1 交通管理	1.1 交通动态信息监测
	1.2 交通执法
	1.3 交通控制
	1.4 需求管理
	1.5 交通事件管理
	1.6 交通环境状况监测与控制
	1.7 勤务管理
	1.8 停车管理
	1.9 非机动车、行人通行管理
2 电子收费	2.1 电子收费
3 交通信息服务	3.1 出行前信息服务
	3.2 行驶中驾驶员信息服务
	3.3 途中公共交通信息服务
	3.4 途中出行者其他信息服务
	3.5 路径诱导及导航
	3.6 个性化信息服务
4 智能公路与安全辅助驾驶	4.1 智能公路与车辆信息收集
	4.2 安全辅助驾驶
	4.3 自动驾驶
	4.4 车队自动运行
5 交通运输安全	5.1 紧急事件救援管理
	5.2 运输安全管理
	5.3 非机动车及行人安全管理
	5.4 交叉口安全管理

（续）

用户服务领域	用户服务
6 运营管理	6.1 运政管理
	6.2 公交规划
	6.3 公交运营管理
	6.4 长途客运运营管理
	6.5 轨道交通运营管理
	6.6 出租车运营管理
	6.7 一般货物运输管理
	6.8 特种运输管理
7 综合运输	7.1 客货运联运管理
	7.2 旅客联运服务
	7.3 货物联运服务
8 交通基础设施管理	8.1 交通基础设施维护
	8.2 路政管理
	8.3 施工区管理
9 ITS 数据管理	9.1 数据接入与存储
	9.2 数据融合与处理
	9.3 数据交换与共享
	9.4 数据应用支持
	9.5 数据安全

2. 先进的交通管理系统（ATMS）

ATMS 有一部分与 ATIS 共用信息采集、处理和传输系统，但是 ATMS 主要是给交通管理者使用的，用于检测控制和管理公路交通，在道路、车辆和驾驶员之间提供通信联系。它对道路系统中的交通状况、交通事故、气象状况和交通环境进行实时的监视，依靠先进的车辆检测技术和计算机信息处理技术，获得有关交通状况的信息，并根据收集到的信息对交通进行控制，如信号灯、发布诱导信息、道路管制、事故处理与救援等。

3. 先进的公共交通系统（APTS）

APTS 的主要目的是采用各种智能技术促进公共运输业的发展，使公交系统实现安全便捷、经济、运量大的目标。如通过个人计算机、闭路电视等向公众就出行方式和事件、路线及车次选择等提供咨询，在公交车站通过显示器向候车者提供车辆的实时运行信息。在公交车辆管理中心，可以根据车辆的实时状态合理安排发车、收车等计划，提高工作效率和服务质量。

4. 先进的车辆控制系统（AVCS）

AVCS 的目的是开发帮助驾驶员实行本车辆控制的各种技术，从而使汽车行驶安全、高效。AVCS 包括对驾驶员的警告和帮助、障碍物避免等自动驾驶技术。

5. 货运管理系统

这里指以高速道路网和信息管理系统为基础，利用物流理论进行管理的智能化物流管理系统。综合利用卫星定位、地理信息系统、物流信息及网络技术有效组织货物运输，提高货运效率。

6. 电子收费系统（ETC）

ETC 是世界上最先进的路桥收费方式。通过安装在车辆挡风玻璃上的车载器与在收费站 ETC 车道上的微波天线之间的微波专用短程通信，利用计算机联网技术与银行进行后台结算处理，从而达到车辆通过路桥收费站不需停车而能交纳路桥费的目的，且所交纳的费用经过后台处理后清分给相关的收益业主。在现有的车道上安装电子不停车收费系统，可以使车道的通行能力提高 3~5 倍。

7. 紧急救援系统（EMS）

EMS 是一个特殊的系统，它的基础是 ATIS、ATMS 以及有关的救援机构和设施，通过 ATIS 和 ATMS 将交通监控中心与职业的救援机构联成有机的整体，为道路使用者提供车辆故障现场紧急处置、拖车、现场救护及排除事故车辆等服务。

习题 3

一、名词解释

1. 智能网联汽车　　2. 定速巡航系统　　3. 疲劳驾驶预警系统　　4. 智能交通

二、选择题

1. 下列哪些不是智能交通应用场景（　　）。

A. 交通信息服务系统　　　B. 车辆控制系统　　　C. EBA　　　D. EMS

2. 智能交通系统的构成不包括（　　）。

A. 信息源　　　　　B. 信息处理　　　　C. 信息发布　　　D. 信息交互

3. 下列不是组成智能网联汽车硬件的元素是（　　）。

A. 传感器激光测距仪　　B. 车载雷达　　　C. 地图　　　D. GPS 导航定位

4. 当前自动驾驶企业采用比例最大的传感器类型是（　　）。

A. 雷达　　　　　　B. 激光雷达　　　　C. 光感雷达　　　D. 激光扫描

5. 智能网联汽车搭载先进（　　）、控制器、执行器等，融合现代通信与网络技术，实现人、车、路、后台等智能信息交换共享。

A. 车载传感器　　　B. 雷达　　　　　C. GPS　　　　　D. 地图

6. 传感器相当于自动驾驶汽车的（　　）。

A. 眼睛　　　　　　B. 鼻子　　　　　C. 嘴巴　　　　　D. 耳朵

7. 汽车工程协会（SAE）根据不同路况，提出了自动驾驶分级标准，根据道路适应性将自动驾驶分为（　　）个级别。

A. 5　　　　　　　B. 3　　　　　　　C. 6　　　　　　　D. 4

三、判断题

1. 自动驾驶技术的发展可能对世界产生巨大的变化。　　　　　　　　　　（　　）

2. 自动驾驶汽车事故率远高于人类驾驶员。　　　　　　　　　　　　　　（　　）

3. 车道偏离警示系统包括并线辅助和车道偏离预警。　　　　　　　　　　（　　）

4. 夜视系统主要使用热成像技术，即红外线成像技术。　　　　　　　　　（　　）

5. 现阶段自动驾驶汽车业界完全成熟，可以随意上路了。 (　　)

6. 汽车被认为是继手机之后，下一个智能终端。 (　　)

7. 在 SAE 分级标准中的 L4 自动驾驶车辆将在未来 10 年出现。 (　　)

8. 从现实来看，目前没有任何一种实用性的方式可以在自动驾驶汽车广泛部署前验证其安全性。 (　　)

四、简答题

1. 阐述人工智能在交通领域作用。

2. 什么是智能网联汽车？它有哪些特点？

3. 智能交通系统的作用有哪些？

4. 简述我国 ITS 体系框架。

第 4 章 AI+电商——精准营销

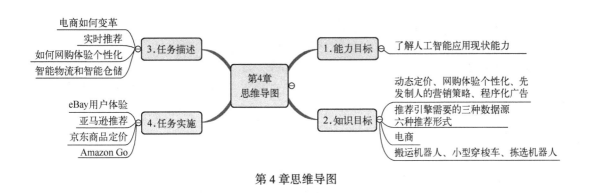

第 4 章思维导图

4.1 人工智能给电商带来的五大改变

电子商务，简称电商，是指在互联网上以电子交易方式进行交易活动和相关服务活动，是传统商业活动各环节的电子化、网络化。电子商务包括电子货币交换、供应链管理、电子交易市场、网络营销、在线事务处理、电子数据交换、存货管理和自动数据收集系统。在此过程中，利用到的信息技术包括互联网、电子邮件、数据库和移动电话。人工智能给电商带来以下五大改变。

1. 动态定价

在京东的"智慧供应链"战略中，消费者最关心的就是商品价格问题。京东推出的动态定价算法的基础是对商品、消费者信息、价格的精准研判。具体来说，动态定价算法通过持续地数据输入和机器学习训练，使商品的净利润和销售额目标达到一个平衡的状态，并计算出一个最科学合理的价格，从而促进交易效率的大幅度提升。与此同时，动态定价算法通过对各个要素（例如折扣力度、促销门槛、消费者分类等）的综合建模进行判断，制定出一个最优的促销策略。

实际上，2016 年，亚马逊就已经上线了自动定价功能。京东推出的动态定价算法有个很明确的指标——货存周转天，既要考虑卖家的成本和营收，又要符合消费者的预期，所以京东定价比亚马逊做得更好。其实对于现在的消费者来说，价格不是越低越好。随着社会的发展，消费者对品质的追求也越来越高。京东要做的是在保证品质的同时给消费者提供合理的价格。

当然，除了京东，淘宝、聚美优品等知名电商平台也已经开始采取自动定价策略，这可以在很大程度上提升商品定价的科学合理性，从而使消费者购买到真正物美价廉的商品，是一件非常有益的事情。

2. 实时推荐

从目前的情况来看，推荐技术已经有了非常不错的发展，而推荐引擎也为很多电商平台（例如当当、淘宝、京东、聚美优品、亚马逊等）带来了好处。这也从一个侧面说明，在数据越来越多的情况下，更能洞悉喜好、偏爱、需求、口味的推荐引擎才是消费者最期盼的，同时也是电商平台最关注的。

那么，推荐引擎究竟是怎样工作的？其实比较简单——即利用特殊的信息过滤技术，将不同的商品推荐给可能对其感兴趣的消费者。如果将推荐引擎看作黑盒，那么其接收的输入就是推荐的数据源。通常情况下，推荐引擎需要如下三种数据源。

1）消费者的基本信息，例如年龄、性别、地理位置、职业等。

2）推荐商品的元数据，例如关键字、关键词语等。

3）消费者对商品的偏好信息，这些偏好信息可以分为两类：一类是显式的消费者反馈，例如消费者对商品的评价、消费者对商品的评分等；另一类是隐式的消费者反馈，例如消费者浏览商品信息的时长、消费者的购买记录等。

其中，显式的消费者反馈可以直接且精准地反映消费者的喜好，但需要消费者付出额外的代价。而隐式的消费者反馈，经过相应的分析和处理以后，同样可以反映消费者的喜好，只是精准度要差一些。不过，只要选择正确的行为特征，隐式的用户反馈也可以达到非常不错的效果。

通过记录消费者在平台上的所有行为，并根据不同行为的特点进行分析和处理，亚马逊已经拥有了很多推荐形式。

1）今日推荐。今日推荐通常是根据消费者的购买记录和浏览记录，再结合当下流行的商品，为消费者提供一个比较折中的推荐。

2）基于商品本身的推荐。在推荐商品时，亚马逊也会给出相应的推荐理由，例如消费者的购物车里有某件商品、消费者购买过某件商品、消费者浏览过某件商品等。

3）捆绑销售。在数据挖掘技术的助力下，消费者的购买行为可以被进一步处理和分析，而亚马逊也可以建立起经常被一起购买或同一个消费者购买的商品集，然后进行捆绑销售。从本质上来讲，这是一种非常典型的协同过滤推荐机制。

4）其他消费者购买/浏览的商品。与捆绑销售相同，这也是一个非常典型的协同过滤推荐机制。在社会化机制的助力下，消费者可以更快、更方便地找到自己感兴趣的商品。值得一提的是，在做这部分的推荐时，亚马逊非常注重整体设计和消费者体验。

5）新商品推荐。新商品推荐采用以内容为基础的推荐机制，将一些最新的商品推荐给消费者。一般情况下，新商品并不会有大量的消费者喜好信息，而以内容为基础的推荐机制则可以有效解决这个"冷启动"的问题。

6）以社会化为基础的推荐。亚马逊会为消费者提供事实的数据，以此来让消费者信服，例如同时购买该商品和另一个商品的消费者一共有多少，所占比例又是多少等。

另外，亚马逊的很多推荐都是以消费者的基本信息为基础计算出来的，消费者的基本信息包括很多方面，例如浏览、收藏、购买了哪些商品、购物车里有哪些商品等。亚马逊还集合了消费者的反馈信息，其中最重要的就是评分，这也是消费者基本信息中的一个关键部分。同时，亚马逊还提供了让消费者自主管理基本信息的功能，这可以使亚马逊更加了解消费者的喜好和需求。

　　像亚马逊这样实现精准推荐的电商平台不胜枚举，但亚马逊无疑是其中的一个开拓者。从长远的角度来看，通过人工智能实现精准推荐确实有比较多的优势：一方面，消费者可以用最快的速度找到自己感兴趣的商品；另一方面，电商平台可以吸引更多的消费者，从而进一步提升自己的影响力和名气。

3. 网购体验个性化

　　最近这几年，电商获得了极为迅猛的发展，无论是在国内还是在国外都是如此。当然，这和人工智能的出现及兴起也有非常密切的关系。作为美国的电商巨头之一，eBay 就将自然语言处理技术应用得淋漓尽致。

　　对于各大电商平台而言，需要进一步处理和分析的对象不外乎以下两种：卖家提供的商品、消费者指出的需求。其中，商品是由文字描述和精美图片组成的，而需求则是通过关键字词搜索来表达的。

　　每天，eBay 都会上线很多新商品，同时也会接收到各种各样的搜索，这两个过程产生的数据量是非常巨大的。在这种情况下，eBay 就非常需要自然语言处理技术的支持和辅助。那么，自然语言处理技术究竟为 eBay 提供了怎样的网购体验个性化？

　　（1）搜索

　　对于电商平台而言，搜索无疑是一大重点，因为这是消费者寻找心仪商品的一个最便捷、最有效的途径。如此一来，搜索引擎便成了 eBay 的最重要的产品。搜索使用 TF-IDF 算法，该算法是自然语言处理技术中一种用于检索与文本挖掘的常见加权技术，可以用来描述一个字或一个词对商品的重要程度及对平台中其他商品的区分度。

　　通常来讲，传统的网页搜索把字词作为网页与用户查询之间相关程度的度量或评级，并在此基础上为用户推荐相关的网页。在 eBay 的应用场景中，系统会把字词作为商品与消费者需求相关程度的度量，从而为其推荐符合需求的商品。

　　为了能够适应电商的特殊应用，eBay 的搜索引擎已经进行了很多改进，但即使如此，搜索的核心依然是 TF-IDF 算法（参考 13.2 节）。

　　（2）机器翻译

　　除了搜索，自然语言处理技术在电商中还要另一个重大应用——机器翻译（参考 13.4.2 节）。随着 eBay 的不断发展壮大，其平台已经遍布 30 多个国家，而且大多数国家都支持跨境交易。也就是说，平台上的卖家在美国卖商品，在俄罗斯的消费者也可以购买。但是，为了符合俄罗斯消费者的习惯，eBay 提供了俄语搜索和用俄语描述商品信息的服务。

　　在这种情况下，自然语言处理技术就派上用场，直接将英文翻译成俄文，供俄罗斯消费者进行搜索和浏览。美国的 eBay 每天要上线大量的新商品，没有机器翻译是很难将这些新商品销往世界各国的。

　　需要注意的是，在搜索和机器翻译的背后，还有强有力的技术支撑，例如命名实体识别技术、各种各样的文字分类器等。

　　在应用自然语言处理技术的所有电商平台中，eBay 是非常具有代表性的一个。也正是因为这样，eBay 才会受到广大消费者的认可和喜爱。当然，自然语言处理技术为 eBay 带来了不少好处，一方面，它进一步改善了消费者在 eBay 购物的体验；另一方面，它极大地推动了 eBay 的发展和进步。

4. 先发制人的营销策略

在数据量足够的情况下，用户行为分析就应运而生。在保证其真实性、可靠性等的前提下，不同类型且足量的数据被收集并加工后能够对营销人员提供策略建议。在保持对数据快速分析的前提下，建立的营销策略数据模型远远超过了人类的分析能力。

5. 程序化广告

程序化广告发展至今已规模庞大，它可以自动规划、购买并优化，帮助广告定主位具体受众和地理位置，可以用于在线展示广告、移动广告和社交媒体等一系列活动中。而同样的原理也适用于电视广告和印刷广告，美国超过半数的在线展示广告都是程序化购买，Google Ad Exchange 和 Facebook 是两家主要的流量来源。程序化广告的优势包括了其高效性和易操作性（不许协商），并将自动化和相关有用的数据完美结合。

4.2　人工智能革新电商的五大趋势

现在，电子商务的普及为人们带来了方便、高效的消费模式。同时，随着人工智能的发展，电子商务企业也正在探索如何利用人工智能提高品牌竞争力和顾客忠诚度。比如，亚马逊作为电商巨头，早早开始部署智慧供应链；此前，亚马逊曾宣布在全球率先启用了全新的"无人驾驶"智能供应链系统。基于云技术、大数据分析、机器学习和智能系统等方面的领先优势，亚马逊全新的"无人驾驶"智能供应链可以自动预测、采购、补货及分仓，根据顾客需求调整库存精准发货，从而对海量商品库存进行自动化、精准化管理。

的确，电子商务的导购服务、数据分析、库存管理及仓储物流往往需要耗费大量的人力物力，由此带来的成本不容忽视。要想对这部分成本进行压缩，电商企业就必须大量使用机器来替代人工，而时下如火如荼的人工智能或许会成为解决此问题的关键。当然，人工智能未来在电子商务领域的应用或许不会局限于上述层面，它对电商行业的革新也许将会是全方位的。

人工智能将如何改变电子商务？未来的"AI+电子商务"又将如何发展？以下五种趋势，不得不知。

1. 给营销人员提出合理建议

想象一下这个常见的场景：登录某购物网站，选择了一种或几种商品后，网站会自动向你推荐很多其他商品，告诉你购买某种商品组合更划算。琳琅满目的商品组合让你眼花缭乱，于是购物车中越加越多。

有时候，你只是在购物网站上闲逛，无意中点开首页上的打折信息，进而被吸引并下单。这说明，一个尚未决定购买哪款商品的消费者，也很可能根据购物网站提供的不同选项做出购物决策。

当然，想让消费者产生购物的冲动并付款买下商品，作为商家必须要学会如何说服消费者。这个问题，依靠人力预测无法完成，但人工智能或许可以在正确的时间给营销人员提出合理化建议。

2. 让虚假评论无处遁形

电子商务网站还需要应对各种各样的虚假评论。面对激烈的市场竞争，有些零售商会利用正面评论来提升商品的口碑，"刷口碑"在很多电子商务网站上屡见不鲜。同样，零售商也可能会恶意发布关于竞争对手的负面评论。

人工智能或许可以有效解决这个问题。比如，在有着几百万交易量的情况下，单凭人力根本无法识别出哪些评论是真正的消费者评价，哪些评论是"刷"出来的，企业也无法负担这么高的人力成本。而人工智能可以批量处理大量信息，将那些"刷口碑、刷评论"的零售商列入黑名单。

3. 刺激消费者清空购物车

出于某种原因，很多本来被放进购物车里的商品经常会被消费者删除。那么，如何激发消费者的购买欲，让他们真正清空自己的购物车？在人工智能技术的辅助下，通过各种大数据分析，电子商务网站可以发送电子邮件、设置首屏广告等手段来维持顾客对商品的兴趣。

这种做法非常奏效。电子商务网站借助人工智能，可以更好地理解顾客的想法——用多少时间装满购物车、如何选择商品、为什么将购物车中的商品删除……通过人工智能与大数据分析，营销人员可以制定策略，让消费者保持消费的冲动，付款买下商品，及时清空购物车。

4. 不断优化与消费者的互动

电子商务网站中的聊天机器人也具有重要作用。起初，聊天机器人处理的只是一些最基本的互动场景；但如今他们变得越来越智能。未来，聊天机器人或许可以代替客服人员处理绝大部分与消费者的沟通工作。例如，一旦待配送的商品离开工厂或仓库，或者经过某个配送站点时，通知就会触发，告知消费者预计的交货时间。

5. 有效管理库存水平

人工智能的强大功能之一在于能帮助企业完成一些通常难以手动完成的工作。比如，在管理商品库存方面，人工智能就发挥着愈加重要的作用，即根据消费需求或商品销售的淡旺季周期，人工智能可以协助企业将商品库存维持在不同水平。同时，人工智能还可以通过分析诸如零售商、节假日销售数据、消费者购买偏好、竞争对手销售数据、退（换）货数量及消费者评论点赞等数据，帮助企业将商品库存维持在最合适的水平。

此外，通过算法和人工智能技术，不同的消费者可以收到不同的商品信息推送。比如，对于同一款商品，消费者可能偏好不同的颜色。这时候就可以借助人工智能与大数据分析，将不同的广告精准推送给不同的消费者，满足他们多样化的购物需求。

4.3　无人零售

无人零售是指基于智能技术实现的无导购员和收银员值守的新零售服务。未来，这将是基于大数据基础上的物品售卖。

2017年下半年，无人零售以其超前的购物体验成为新零售最受资本和消费者关注的形态之一。7月1日，F5未来商店完成3000万元A+轮融资；7月3日缤果盒子完成超1亿元A轮融资；7月8日阿里巴巴无人超市"淘咖啡"落地亮相2017年淘宝造物节。较传统零售而言，无人零售更关注垂直人群的垂直场景，即通过对市场进行深度挖掘，寻找被大多数人忽略的消费场景。除去布局在商场、地铁站、机场及车站等人流量大的地点，也开始关注办公室、电梯间及移动车辆等封闭空间的近场需求。这正与以垂直化、人群化及场景化为典型特征的消费升级大趋势相呼应。总的来说，与传统的实体零售相比，以无人零售为代表的新零售不只是对线下门店在形态上的升级改造，更是对包括供应链端、购买流程，直至最终消费场景在内的整个消费链条的全生命周期变革。从买什么、怎么买和在哪买三个层面整合线上线下，打造高效便捷的近场消费入口，实现线上数据和流量的变现。

1）买什么：提供更新鲜优质的品类，满足消费者的新需求。

2）怎么买：支持移动支付、自助收银等新手段。

3）在哪买：布局在办公室电梯间、商圈写字楼及社区等新场景。

目前无人便利店最常见的技术主要包括两类，一类是以亚马逊 Amazon Go 及深兰科技 Take Go 及阿里淘咖啡为代表的人工智能无人店，即以识别进店消费者为核心，主要采用机器视觉、深度学习算法及生物识别等技术。缺点在于随着店铺规模扩大，系统计算量将大幅攀升，从而对 GPU 提出巨大挑战。除去成本外，识别的准确率也存在隐患。

另一类是以日本罗森为代表的物联网无人店，主要采用 RFID 标签技术，以识别消费者所购商品为核心。此电子标签方案由来已久，技术上较成熟，但大规模应用的成本较高，且存在雷雨天气和液体箱内感应困难等致命缺陷。

自助贩售机、便利货架和以便利蜂、小 e 微店为代表的互联网无人店（见图 4-1），则主要通过顾客扫描二维码来实现对货物的识别和自助支付，这类方案因技术门槛低而应用较多，其最大问题是开放式零售形态可能面临少数顾客逃避付款而难以完全保证商户利益的问题。

图 4-1　无人零售商店

目前来看，无人零售智能技术仍处于探索阶段，全球现在都不可避免地面临技术不确定性带来的运营风险。

以 Amazon Go 为例，在长达一年零两个月的漫长等待之后，亚马逊旗下的无人超市 Amazon Go 终于在 2018 年 1 月正式亮相。第一家 Amazon Go 设在位于西雅图的亚马逊总部办公楼下，值得一提的是，来 Amazon Go 购物的消费者不需要携带现金，也不需要排队结账。他们只要选好自己想要的商品，并在线上完成付款以后，就可以直接离开。

Amazon Go 的面积为 $167\,m^2$ 左右，单从外形上看，与普通超市并没有非常大的区别。当然，商品陈列也与普通超市基本相同。在 Amazon Go，消费者可以购买到很多种类的商品，例如蛋糕、面包、牛奶、自制巧克力、手工奶酪等。

从技术的角度来讲，Amazon Go 运用了当下最流行的三项技术，分别是传感器融合技术、机器视觉技术及深度学习算法。不仅如此，Amazon Go 还运用了反作弊/识别系统，主要目的是避免出现消费者恶意损坏商品的现象。

在传感器的助力下，货架上缺少的商品可以在第一时间被发现，缺货的商品还可以被自动添加到消费者的虚拟购物车中。据相关报道称，有了传感器，Amazon Go 可以对所有消费者的购物情况进行追踪，并在其离开的时候打印出购物清单，而商品的支付则要通过消费者的亚马逊账户完成。

对此，亚马逊在官方网站上宣布："你来购物所需的只是一个亚马逊网站上的账户。"所以在进入 Amazon Go 之前，消费者必须扫描应用软件上用来证明身份的条形码。只有这样，才可以顺利购买到自己想要的商品。

那么，当消费者进入 Amazon Go 进行购物时，具体的流程究竟是怎样的？其实非常简单，主要包括以下几个步骤。

1）消费者需要一个亚马逊账号，并在手机上安装亚马逊 APP。当消费者打开自己的手机并进入 Amazon Go 以后，在入口处他必须接受用于确认身份的人脸识别。

2）当消费者在货架前选择商品时，Amazon Go 的摄像头会把消费者拿起或放下的商品全部记录下来。与此同时，货架上的摄像头还会通过手势来判断消费者是把商品放到了购物篮里，还是看过之后又放回货架上。

3）货架上的红外传感器、压力感应装置及荷载传感器会对消费者的购物信息进行统计。压力感应装置可以确认消费者拿走了哪些商品，荷载传感器则用于记录哪些商品被放回了货架上。

4）消费者采购的商品数据会在没有任何延迟的情况下传输到 Amazon Go 的信息中枢。如此一来，消费者在线上付完款以后，就可以直接离开。

5）传感器会扫描并记录下消费者购买的所有商品，并自动在消费者的账户上算出相应的金额。

Amazon Go 虽然被称为无人超市，但超市中并不是一个人都没有。当第一家 Amazon Go 即将开放的时候，里面有少数员工在整理货架，还有一些员工在旁边等着为消费者解决一些问题。此外，还有一个员工专门在入口处检查消费者的账户。在 Amazon Go 的厨房中，还有 6 名员工正在准备货架上的三明治、沙拉、面包、牛奶等午餐。

亚马逊副总裁 Gianna Puerini 是专门负责 Go 项目的，他说："我们的目标是在保证便利的同时让商品的价格和其他超市保持一致。"的确，在 Amazon Go 销售的商品，其价格与其他超市相差无几。

作为电商巨头亚马逊的新一代项目，Amazon Go 一诞生就获得了非常广泛的关注，也成功掀起了一次"效仿"的热潮。相关数据显示，从 2016 年年底开始到 2017 年年末，仅在我国就诞生了几十个无人零售项目，这也在一定程度上表示"无人"确确实实成了一个巨大的"风口"。

4.4 智慧物流和智慧仓储

随着科学技术的不断发展，我国企业越来越重视信息化、智能化的建设，以物流行业和制造业为主的传统工业转型升级影响明显，正在持续加强仓储物流环节的增值与控制。作为工业生产资料中必备的一项配套设施，实现智能仓储是我国智慧物流和工业智能化必由之路。

目前各大电商平台最担心的是，能不能跨渠道对库存进行管理，库存短缺是电商的"噩梦"。一旦库存真的短缺，电商就需要花费几天甚至十几天的时间来补充，这会使电商的收益受到非常严重的影响。

当然，库存积压也是电商不想看到的事情，这不仅会大幅度增加业务风险，还会消耗一定的资本，从而导致净利润的降低。

在瞬息万变的市场中，对库存周转率进行精准预测面临诸多挑战，其中最主要的一个就是需求和竞争的频繁变化。因此，为了使应对效率得以大幅度提升，电商必须采取相应的措施，从而准确地把握需求和分析竞争。

在人工智能的助力下，电商可以对订单数量进行精准预测。因为人工智能可以识别影响订单数量的关键因素，并监控这些关键因素发生变化对库存周转产生的影响。

把人工智能融入电商库存规划中，这样做的好处是可以让电商更加精准地预测库存需求，使库存周转率得以大幅度提升，从而将因库存短缺和库存积压造成的损失降到最低。

众所周知，京东拥有自己的一套物流体系，而这套物流体系，无论是配送速度还是配送质量都是有口皆碑的。特别是在"全民购物狂欢节"等特殊时期，京东在物流方面的表现更是突出。当然，这些成绩的背后也少不了人工智能的助力和支持，正因为如此，在众多物流几乎瘫痪的情况下，京东物流依然可以屹立不倒。

相关调查显示，2017年"双十一"，京东的交易额依然保持着比较良好的增速。而且，对于京东的物流，消费者通常也会给出比较高的评价。在这样的基础上，京东始终没有停下布局"智慧物流"的脚步。

在"智慧物流"方面，京东希望使用无人机为消费者配送快递，但因为技术尚不成熟、监管过于严格等问题，在短时间内还很难实现。在这种情况下，京东便开始研究无人车。2017年的"6·18"，京东就已经使用无人车在校园内配送快递，可谓正式迈出了"智慧物流"的重要一步。

当然，除了"智慧物流"，京东还在积极布局"智慧仓储"，在这一过程中，一个不得不提的强大助力就是"无人仓"。"无人仓"可以大幅度缩短为商品打包的时间，从而加快物流的整体效率。在京东的"无人仓"中，包括三种机器人。

1. 大型搬运机器人

大型搬运机器人体积比较大，质量大概为100 kg，负载量为300 kg左右，行进速度约为2 m/s，主要职责是搬运大型货架。有了这一机器人以后，搬运工作就比之前好做了很多，所需时间也比之前短了很多（见图4-2）。

图4-2　搬运机器人

2. 小型穿梭车

在京东的"智慧仓储"中，除了大型搬运机器人，小型穿梭车也发挥了非常重要的作用。据了解，京东自主研发的shuttle小型穿梭车，在没有搭载任何商品的情况下，速度最快可达到6 m/s，加速度也可以达到4 m/s²，与日本某企业研发的小型穿梭车相比，速度仅落后 0.6 m/s（见图 4-3）。小型穿梭车的主要工作是搬起周转箱，然后将其送到货架尽头的暂存区。而货架外侧的提升机则会在第一时间把暂存区的周转箱转移到下方的输送线上。在小型穿梭车的助力下，货架的吞吐量已经达到了每小时 1600 箱。

图 4-3　小型穿梭车

3. 拣选机器人

小型穿梭车完成自己的工作以后，就轮到拣选机器人出场了。京东的拣选机器人 delta 配有前沿的 3D 视觉系统，可以从周转箱中对消费者需要的商品进行精准识别。不仅如此，通过工作端的吸盘，周转箱还可以接收转移过来的商品（见图 4-4）。

拣选完成后，通过输送线，周转箱会被转移到打包区，而剩下的员工则会对商品进行打包，并将打包好的商品配送到各个地区。与传统仓库相比，"无人仓"的存储效率要高出 4 倍以上；而与人工拣选相比，拣选机器人的拣选速度则要快出 4~5 倍。

由此可见，对于京东而言，无论是"智慧物流"还是"智慧仓储"都是非常有益的。一方

图 4-4　拣选机器人

面，它们进一步完善了京东的物流体系；另一方面，它们提升了京东的存储效率和拣选效率。可以说，未来在物流和仓储方面，京东会发展得越来越好。

习题 4

一、名词解释

1. 电子商务　　　2. 动态定价　　　3. 无人零售

二、选择题

1. 下列不属于推荐引擎的三种数据源是（　　）。

A. 消费者的基本信息　　　　　　　B. 推荐商品的元数据

C. 消费者对商品的偏好信息　　　　D. 消费者对商品的享受

2.（　　）不是人工智能为电商带来五大改变之一。

A. 实时推荐　　　　B. 动态定价　　　　C. 供应链管理　　　　D. 体验个性化

3. 在电子商务过程中，利用到的信息技术不包括（　　）。

A. 互联网　　　　　　B. 电子邮件　　　　　C. 数据库　　　　　　D. 传感器

4. 无人零售商店 Amazon Go 是（　　　　）公司的。

A. 深兰科技　　　　　B. 亚马逊　　　　　　C. 阿里　　　　　　　D. 京东

三、判断题

1. eBay 借聊天机器人提升客服体验。　　　　　　　　　　　　　　　　　（　　　）

2. 消费者对商品的评价、消费者对商品的评分等属于隐式的消费者反馈。　（　　　）

四、填空题

1. 今日推荐通常是根据消费者的（　　　　　　　　　）和浏览记录，再结合当下流行的商品，为消费者提供一个比较折中的推荐。

2. （　　　　　　）是指在互联网上以电子交易方式进行交易活动和相关服务活动，是传统商业活动各环节的电子化、网络化。

3. （　　　　　　　）算法通过持续地数据输入和机器学习训练，使商品的净利润和销售额目标达到一个平衡的状态，并计算出一个最科学合理的价格，从而促进交易效率的大幅度提升。

4. （　　　　　　　）可以自动规划、购买并优化，帮助广告定主位具体受众和地理位置，可以用于在线展示广告、移动广告和社交媒体等一系列活动中。

5. （　　　　　　）是指基于智能技术实现的无导购员和收银员值守的新零售服务。

6. 电子商务包括电子货币交换、供应链管理、电子交易市场、网络营销、在线事务处理、电子数据交换、存货管理和（　　　　　　　　）系统。

7. 消费者对商品的偏好信息分为隐式的消费者反馈和（　　　　　）的消费者反馈。

8. 在保持对数据快速分析的前提下，建立的（　　　　　　　）模型远远超过了人类的分析能力。

五、简答题

1. 推荐引擎究竟是怎样工作的？

2. 自然语言处理技术究竟为 eBay 提供了怎样的支持和辅助？

3. 人工智能实现精准推荐有哪些优势？

第 5 章　AI+建筑——让生活舒心随性

随着科技与社会的发展，建筑除了满足人们日常的工作生活所需之外，如何向人们提供人性化、智能化的生活环境摆在了建筑师面前。由工业自动化控制为依托产生的智能家居技术受到了广大年轻人的追捧，目前越来越多的人已经开始接受这类产品。

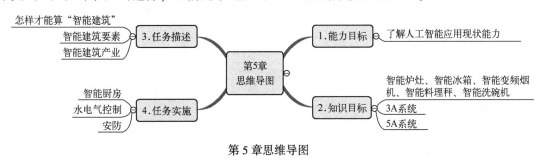

第 5 章思维导图

5.1　智能建筑

5.1.1　智能建筑组成要素

智能建筑主要包括如下几部分。

1）通信网络系统：包括通信系统、卫星及有线电视系统、公共广播系统。

2）办公自动化系统：包括计算机网络系统、信息平台及办公自动化应用软件、网络安全系统。

3）建筑设备监控系统：包括空调与通风系统、变配电系统、照明系统、给排水系统、热源和热交换系统、冷冻和冷却系统、电梯和自动扶梯系统、中央管理工作站与操作分站、子系统通信接口。

4）火灾报警及消防联动系统：火灾和可燃气体探测系统、火灾报警控制系统及消防联动系统。

5）安全防范系统：包括电视监控系统、入侵报警系统、巡更系统、出入口控制（门禁）系统及停车管理系统。

6）综合布线系统：包括缆线敷设和终接，机柜、机架、配线架的安装，信息插座和光缆芯线终端的安装。

7）智能化集成系统：包括集成系统网络、实时数据库、信息安全及功能接口。

8）电源与接地：包括智能建筑电源、防雷及接地。

　　9）环境：包括空间环境、室内空调环境、视觉照明环境及电磁环境。

　　10）住宅（小区）智能化系统：包括火灾自动报警及消防联动控制系统、安全防范系统（含电视临近系统、入侵报警系统、巡更系统、门禁系统、楼宇对讲系统、停车管理系统）、物业管理系统（多表现场计量及远程传输系统、建筑设备监控系统、公共广播系统、小区建筑设备监控系统、物业办公自动化系统）及智能家庭信息平台。

　　图5-1展示了智能建筑的一些要素。

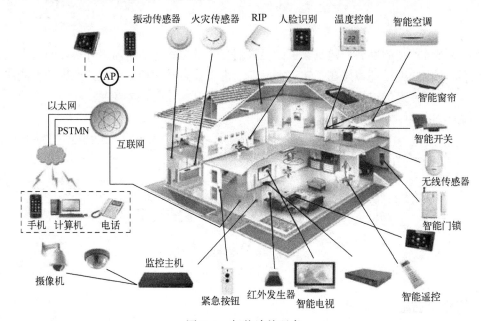

图5-1　智能建筑要素

5.1.2　智能建筑概念

　　怎样才能算得上是一幢"智能建筑"？不同的国家对"智能建筑"有着不同的理解。美国智能建筑协会认为："智能建筑"是通过对建筑物的四个基本要素——结构、系统、服务、管理，以及它们之间内在联系的优化来提供一个投资合理、高效舒适的环境。在新加坡，"智能建筑"必须具备三个条件：一是大楼必须具备先进的自动控制系统，能对空调、照明、安保及火灾报警等设备进行监控，从而为住户提供舒适的工作和生活环境；二是大楼必须具备良好的通信网络设施，使数据能在大楼内的各个区域之间进行流通；三是大楼能提供足够的对外通信设施。日本智能建筑研究会提出："智能建筑"应提供包括商业支持、通信支持等功能在内的先进通信服务，并能通过高度自动化的大楼管理体系来保证舒适的环境和安全性，以提高工作效率。我国目前一般以大厦内所配置的自动化设备来作为"智能建筑"的定义，如"3A系统"或"5A系统"。

　　"智能建筑"是计算机信息处理技术与建筑相结合的产物，它包括"办公自动化系统（OA）""建筑自动化系统（BA）"和"通信自动化系统（CA）"三大系统（简称"3A系统"）。如果将其中的火灾报警及自动灭火系统从大楼自动化管理系统中分割出来，形成独立的"消防自动化系统（FA）"，并将面向整个大楼各个智能化系统的一个综合管理系统也独立形成"信息管理自动化系统（MA）"，这样亦可称为"5A系统"。

在智能建筑中，各个系统组成了不可分割的有机体。BA 系统保证了机电设备和安全管理的自动化集成，如对大楼温度湿度、含氧量、火警与照明度等参数值自动进行测量，并按照使用者的要求迅速实施调节和综合管理；CA 系统保证当大楼内部某个地方出现故障时，安全系统会自行修正，以保证设备的正常运行；OA 系统提供现代化通信手段的各种设备，通过设置结构化综合布线系统，为用户带来极大的便利，用户可通过国内国际直拨电话、电视电话、电子函件、语音信箱电视会议及信息检索等手段，及时方便地获得金融情报、商业情报、科技情报及其各种数据库系统中的最新信息。

5.2　智能家居

智能家居是以住宅为平台，利用综合布线技术、网络通信技术、安全防范技术、自动控制技术及音视频技术将家居生活有关的设施集成（见图 5-2），构建高效的住宅设施与家庭日程事务的管理系统，提升家居安全性、便利性、舒适性及艺术性，并实现环保节能的居住环境。

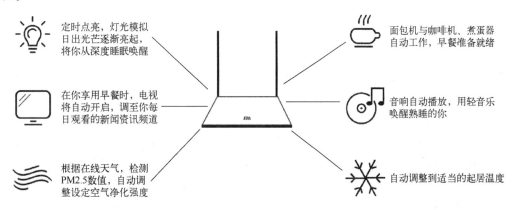

图 5-2　智能家居组件

5.2.1　智能家居分类

1. 家庭自动化

家庭自动化是指利用微处理电子技术，来集成或控制家中的电子电器产品或系统，例如照明灯、咖啡炉、计算机设备、保安系统、暖气及冷气系统、视讯及音响系统等。家庭自动化系统主要是以一个中央微处理机接收来自相关电子电器产品（外界环境因素的变化，如太阳初升或西落等所造成的光线变化等）的讯息后，再以既定的程序发送适当的信息给其他电子电器产品。中央微处理机必须透过许多界面来控制家中的电器产品，这些界面可以是键盘，也可以是触摸式荧幕、按钮、计算机、电话机、遥控器等。消费者可发送信号至中央微处理机，或接收来自中央微处理机的讯号。

2. 家庭网络

首先要把家庭网络和纯粹的"家庭局域网"分开来，家庭局域网是指连接家庭里的计算机、各种外设及与因特网互联的网络系统，它只是家庭网络的一个组成部分。家庭网络是在家庭范围内（可扩展至邻居、小区）将计算机、家电、安全系统、照明系统和广域网相连接的一种新技术。当前在家庭网络所采用的连接技术可以分为"有线"和"无线"两大类。有线方案主要包括双绞线或同轴电缆连接、电话线连接、电力线连接等；无线方案主要包括红外线连接、无线电连接、基于 RF 技术的连接和基于 PC 的无线连接等。

家庭网络相比起传统的办公网络，加入了很多家庭应用产品和系统，如家电设备、照明系统，因此相应技术标准也错综复杂。

3. 网络家电

网络家电是将普通家用电器利用数字技术、网络技术及智能控制技术设计改进的新型家电产品。网络家电可以实现互联组成一个家庭内部网络，同时这个家庭网络又可以与外部互联网相连接。可见，网络家电技术包括两个层面：首先是家电之间的互联问题，也就是使不同家电之间能够互相识别，协同工作；第二个层面是解决家电网络与外部网络的通信，使家庭中的家电网络真正成为外部网络的延伸。

要实现家电间互联和信息交换，就需要解决：①描述家电工作特性的产品模型，使得数据的交换具有特定含义；②信息传输的网络媒介。在解决网络媒介这一难点中，可选择的方案有电力线、无线射频、双绞线、同轴电缆、红外线及光纤。认为比较可行的网络家电包括网络冰箱、网络空调、网络洗衣机、网络热水器、网络微波炉及网络炊具等。网络家电未来的方向也是充分融合到家庭网络中。

4. 信息家电

信息家电应该是一种价格低廉、操作简便、实用性强、带有 PC 主要功能的家电产品。利用计算机、电信和电子技术与传统家电（包括白色家电：电冰箱、洗衣机、微波炉等和黑色家电：电视机、录像机、音响、VCD、DVD 等）相结合的创新产品，是为数字化与网络技术更广泛地深入家庭生活而设计的新型家用电器。信息家电包括计算机、机顶盒、HPC、超级 VCD、无线数据通信设备、WebTV、Internet 电话等，所有能够通过网络系统交互信息的家电产品，都可以称为信息家电。音频、视频和通信设备是信息家电的主要组成部分。另一方面，在传统家电的基础上，将信息技术融入传统的家电中，使其功能更加强大，使用更加简单、方便和实用，为家庭生活创造更高品质的生活环境。比如模拟电视发展成数字电视，VCD 变成 DVD，电冰箱、洗衣机、微波炉等也将会变成数字化、网络化、智能化的信息家电。

从广义的分类来看，信息家电产品实际上包含了网络家电产品，但如果从狭义的定义来界定，可以这样做一简单分类：信息家电更多的指带有嵌入式处理器的小型家用（个人用）信息设备，它的基本特征是与网络（主要指互联网）相联而有一些具体功能，可以是成套产品，也可以是一个辅助配件；而网络家电则指一个具有网络操作功能的家电类产品，这种家电可以理解为原来普通家电产品的升级。

5.2.2 智能家居技术特点

智能家居网络随着集成技术、通信技术、互操作能力和布线标准的实现而不断改进。它涉及对家庭网络内所有的智能家具、设备和系统的操作、管理以及集成技术的应用。其技术特点表现如下。

1. 通过家庭网关及其系统软件建立智能家居平台系统

家庭网关是智能家居局域网的核心部分，主要完成家庭内部网络各种不同通信协议之间的转换和信息共享，以及与外部通信网络之间的数据交换功能，同时网关还负责家庭智能设备的管理和控制。

2. 统一的平台

用计算机技术、微电子技术及通信技术，家庭智能终端将家庭智能化的所有功能集成起来，使智能家居建立在一个统一的平台之上。首先，实现家庭内部网络与外部网络之间的数据交互；其次，还要保证能够识别通过网络传输的指令是合法的指令，而不是"黑客"的非法入侵。因此，家庭智能终端既是家庭信息的交通枢纽，又是信息化家庭的"保护神"。

3. 通过外部扩展模块实现与家电的互联

为实现家用电器的集中控制和远程控制功能，家庭智能网关通过有线或无线的方式，按照特定的通信协议，借助外部扩展模块控制家电或照明设备。

4. 嵌入式系统的应用

以往的家庭智能终端绝大多数是由单片机控制的。随着新功能的增加和性能的提升，将处理能力大大增强的具有网络功能的嵌入式操作系统和单片机的控制软件程序做了相应的调整，使之有机地结合成完整的嵌入式系统。

5.2.3　智能家居产业

智能家居良好的发展前景已吸引众多巨头公司涉足，成为群雄逐鹿的战场，国内外科技企业对智能家居市场跃跃欲试，以单品爆发与平台发力等作为落脚点争相布局，欲抢占智能建筑产业的主导地位。

1. Facebook 发布人工智能管家 Jarvis

2016 年 12 月，扎克伯格向公众展示了该公司最新研发的人工智能管家"贾维斯"（Jarvis），这个管家不仅可以调节室内环境、安排会议行程、定时做早餐、自动洗衣服、辨别并招待访客，甚至可以教扎克伯格的女儿说中文。

2. 谷歌发布 Google-Home 与重组 Nest

2016 年 5 月 19 日，谷歌在 Google I/O 开发者大会上推出了全新的 Google-Home 智能音箱。同年 8 月底，智能家居公司 Nest Labs 的整个平台团队成为谷歌的一部分，以便发展智能建筑产业。

3. 微软推出 Home-Hub 智能家庭中枢

2016 年 12 月初，微软推出 Home-Hub 智能家庭中枢。它实际上是 Windows10 中的一项功能，主要服务于家庭用户。核心服务是与搭载 Cortana（中文名：小娜）助手的 PC 相结合，面向家庭用户提供家用智能集成服务，能够为用户提供日历、表格、音乐等多种功能的使用和文件信息查询。

4. 亚马逊的爆红单品 Echo

2014 年年底，亚马逊在智能家居领域推出一款智能蓝牙喇叭 Echo，结合语音助手服务 Alexa 作为智能家居中枢。Echo 接收用户的语音指令后，经过 Alexa 处理，就能进行控制家电产品、联络优步，或在电商平台采购等操作。对智能家电的第三方厂商，亚马逊持开放态度，吸引智能家居品牌 Vivint、idevice、Belkin 及 Philips Hue 等第三方厂商接入其智能家居产品和系统。Echo 推出后获得广泛好评，迅速爆红。

5. 苹果公司发布 Apple HomeKit

苹果在 2014 年的全球开发者大会（WWDC）上首次发布 HomeKit，这一平台是全球最具规模的智能家居生态系统之一。苹果目前通过装置上的"Home" APP 加上 Siri 来控制各种设备，实现了各种设备的互联互通，提升用户智慧生活体验。

6. 海尔公司推出 U-home

海尔 U-home 是海尔智能家居生活解决方案，以人工智能作为技术支撑，透过语音语意理解、图像识别、衣物识别及人脸识别为交互入口，把所有家居设备通过信息传感设备与网络连接，可通过打电话、发短信、上网等方式与家中的电器设备互动。

5.3　智能厨房

厨房从始至终都是家庭生活的重要场所，对于热爱做饭的人来说，厨房绝对是天堂，因为可以为亲朋好友带来饮食的乐趣。

1. 智能炉灶

菜做得好不好，一半看火候，火候的控制直接关系到美食的口感。传统炉灶的火力完全靠使用者自己调节，没有一定烹饪经验的人是很难掌握的。

智能炉灶完全颠覆了传统的火候掌控方法（见图 5-3），它由计算机来精确调节火力，把烹饪者从烦琐的火力调节工作中解放出来。用户只需在智能灶的触摸屏上选择自己要做的菜肴，按下开始键，智能灶就会自动把锅具加热到烧菜的最佳温度，并根据放入菜的量多少、烧菜时间的长短，通过模糊智能算法自动调节火力，让菜肴永远在最佳火候下烹饪。烹饪过程中锅具温度始终处于 220℃ 以下，从根本上杜绝了烹饪油烟，用户可以在洁净健康的环境中轻松烹饪。

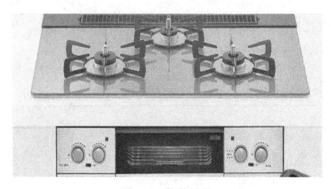

图 5-3　智能炉灶

2. 智能冰箱

有了好的灶具，还需要新鲜的食材。快节奏生活下的人们，终日忙于工作，不可能每天抽出时间去超市和农贸市场挑选新鲜食材，因此一台大容量的智能冰箱显得尤为重要。现代智能冰箱配备了摄像头和图像识别系统，可以对冰箱里的所有食材进行识别，记录分类。用户可以通过智能手机远程查看冰箱里的食物，决定做什么饭菜。用户还可以通过冰箱上的液晶大屏查询菜谱，通过网络商城购买新鲜的优质食材（见图 5-4）。

3. 智能料理秤

除了火候和新鲜食材，各种食材的配比对于烹饪出一道美味菜肴同样至关重要。尽管食谱上清楚地罗列着各种食材的分量和配比，但是菜肴无法判断食材到底是多了还是少了。传统的电子秤可以提供一些帮助，但还远远不够。食谱上的分量不一定就是用户最终想要的，一旦用户想要多做一点或者少做一点，就不得不重新计算所有食材的分量。

智能料理秤可以很好地解决这个问题（见图 5-5）。智能料理秤同样内置了海量菜谱，用户只需在料理秤上选择相应的菜谱和食材，然后将选择的食材放在秤台上，它便会自动计算出其他食材所需的分量。

图 5-4　智能冰箱　　　　　　　图 5-5　智能料理秤

4. 智能变频烟机

有了工具和食材，下一步就是如何让用户鼓起勇气走进厨房了。对于很多爱美的女性来说，烟熏火燎的厨房简直就是噩梦，不过这一切已经成为历史。

智能变频烟机拥有尖端温度感应系统（见图 5-6），可根据用户炒菜过程中随温度变化而产生的油烟变化自动调节风量，避免炒菜过程中频繁换档，达到节能目的。同时也增大压强，解决了公共烟道排烟困难的问题。

图 5-6　智能变频烟机

传统油烟机是和灶具是分离的，用户炒菜时经常会忘记打开烟机，等到厨房弥漫油烟的时候，伤害已经造成。因此，智能油烟机采用了烟灶联动技术，打开灶具的同时烟机也会自动打开，完美同步，及时吸烟，让厨房真正告别油烟烦恼。智能油烟机还具备自动延时关机功能，烹饪完成后，油烟机继续工作 2~3 min 才关闭，帮助排除厨房的余烟和异味。

5. 智能洗碗机

一道美食新鲜出炉，大快朵颐、酒足饭饱之后最痛苦的事情莫过于洗碗。不过现在可通过智能洗碗机来完成。智能洗碗机采用360°高效静漂技术，利用高速水流的折射效应，实现全方位深度漂洗，不必担心餐具被化学物品二次污染。独有的零耗能余热烘干技术，借助高温漂洗后的腔体余热，将餐具快速烘干，确保餐具零污染。

更值得惊喜的是，家用智能洗碗机不仅仅可以洗碗，还可以清洗蔬菜瓜果（见图5-7）。

图5-7 智能洗碗机

习题5

一、名词解释

1. 智能家居   2. 智能建筑   3. 3A   4. 5A

二、选择题

1. "智能建筑"是计算机信息处理技术与建筑艺术相结合的产物，3A不包括（   ）。

A. 办公自动化系统   B. 建筑自动化系统

C. 通信自动化系统   D. 教学自动化系统

2. "智能建筑"必须具备（   ）个条件。

A. 一   B. 二   C. 三   D. 四

3. 美国智能建筑协会认为："智能建筑"是通过对建筑物的（   ）个基本要素，以及它们之间内在联系的优化来提供一个投资合理、高效舒适的环境。

A. 三   B. 四   C. 五   D. 六

4. 建筑自动化系统英文缩写为（   ）。

A. 3A   B. BA   C. CA   D. OA

5. 水电气控制不包括（   ）。

A. 自来水管控制   B. 电灯控制   C. 空调控制   D. 电源控制

6. 智能建筑安防不包括（   ）。

A. 家庭煤气泄漏监控 B. 防盗监控   C. 防火监控   D. 防爆炸监控

7. "智能建筑"5A系统是在3A系统基础上，扩充了（   ）和信息管理自动化系统。

A. 办公自动化系统   B. 建筑自动化系统

C. 通信自动化系统   D. 消防自动化系统

8. "智能建筑" 3A 系统中 BA 指 (　　　)。

A. 办公自动化系统　　　　　　　　B. 建筑自动化系统

C. 通信自动化系统　　　　　　　　D. 教学自动化系统

9. 智能建筑的五大组成部分包括系统集成中心、楼宇自动化系统、办公自动化系统、通信自动化系统及 (　　　)。

A. 门禁系统　　　　B. 公共广播系统　　C. 综合布线系统　D. 对讲系统

三、判断题

1. "智能建筑" 3A 系统中，OA 保证了机电设备和安全管理的自动化集成。　(　　　)

2. 我国目前一般以大厦内所配置的自动化设备，来作为 "智能建筑" 的定义，如 "3A 系统" 或 "8A 系统"。　(　　　)

3. "智能建筑" 是计算机信息处理技术与建筑相结合的产物。　(　　　)

4. CA 系统包括提供现代化通信手段的各种设备。　(　　　)

5. BA 系统保证了机电设备和安全管理的自动化。　(　　　)

6. CA 系统保证当大楼内部某个地方出现故障时，安全系统会自行修正，保证设备的正常运行。　(　　　)

四、简答题

1. 阐述你对智能炉灶的理解。

2. 阐述你对智能冰箱的理解。

3. 阐述你对能料理秤的理解。

4. 阐述你对智能洗碗机的理解。

5. 简述智能建筑设计要求。

6. 简述智能家居分类。

7. 简述智能家居的技术特点。

第6章　AI+教育——因材施教

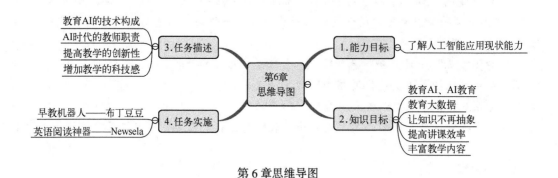

第 6 章思维导图

6.1　教育 AI 的技术构成

教育 AI 的技术由四个部分组成：数据收集、能力评测、智能教学及私人教练。

1. 自然、全过程教育大数据采集

数据收集模块是基础，因为人工智能基础是数据。收集的内容包括题库、知识图谱及学习数据。传统学习中，人们拿到一本书总是按照目录线性地阅读，但如果用人工智能技术，学习路径将变为：生成学习导图、进行知识点拆分、构成知识图谱及智能体 AI 训练迭代。即进行知识点细分后构建其各知识点之间的关系，并根据学生的执行，反馈确定精准的推送方向，为提升学习效率提供基础。

传统数据是在阶段性评估中获得，是在学生知情的情况下获得的，会给学生带来很大的压力。大数据的数据采集是过程性的，在学生不知情的情况下采集的，采集非常自然、真实（见图 6-1）。

2. 学生行为分析

学生能力评测是重点，为具体路径提供方向指导。通过学生历史答题记录，AI 可以随时评测某个知识点的掌握情况，输出对知识点掌握情况的预估，进而根据预估明确下一步推送的具体路径。在人工智能中，主要用什么来解决这个问题？主要是行为分析。

传统的教室根本没有办法将教学过程清晰地展示出来，也正是因为如此，教师既不能对教学过程进行科学分析，又很难为学生提供个性化的教学体验。通过人工智能技术，图像、语音、文字等数据可以被很好地识别出来，并形成一个数据汇集平台。

在表情识别技术的基础上，借助摄像头捕捉学生上课时的情绪（例如快乐、愤怒、悲伤、平静等）及行为（例如听课、举手、点头、摇头、做练习等），给予每一个学生充分的

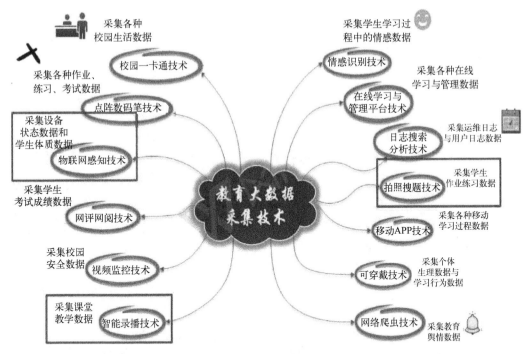

图 6-1　教育大数据采集

关注（见图 6-2）。

图 6-2　听课状态识别

3. 智能教学

智能教育是教育 AI 的核心，AI 可基于学习情况进行个性化的推送学习方案。根据历史学习记录进行下一步推送主要基于强化学习。何为强化学习？比如游戏策略中根据游戏画面选择动作使得分最多就是最好的强化思想。而对于学校来说，教育 AI 根据学生情况的反馈，推送学习的内容，学生完成后进行反馈，这是最大化知识掌握程度的过程，也是强化学习的过程。图 6-3 展示语音识别技术应用于汉语拼音教学，能自动纠正不正确的发音。

4. 私人教练

私人教练模块是手段，是最终实现教育 AI 的步骤。即具体如何实施，学生今天做什么题，推送什么样的知识点等，可以引入学习模拟器。运用模拟器可以自动构造学生的学习数

图 6-3　语音识别在教学中应用

据，在有一定的数据后再根据智能教学的模块，对比真实的学生去指导学习，从而提升效率。下面以布置作业为例来说明。

传统教育模式下老师布置作业的方式是："请同学们完成 XX 页第一题到第十题。"而有了大数据的分析帮助，老师可以做到对每个学生的个性和特点都有了充分的了解，为每一位同学有针对性地布置个性化作业，进而实现几代教师的教学梦想——因材施教。

如果用智能软件对每道题目进行知识点、载体、方法及能力等多个维度的标注，帮助老师精准出题，再通过智能学习引擎的大数据分析，老师可以根据不同题目的考点和学生答题情况，迅速准确了解每个学生的知识漏洞，有效诊断学生的学习问题，进而进行针对性讲练。"让学习好的学生攻克难题，让学习暂时跟不上进度的学生做一些相对容易的题目，这对提升学生考试成绩和建立学生的自信心有着重要作用。"

6.2　早教机器人

现在，绝大多数父母都忙于工作和生活，没有充足的时间陪伴和教育自己的孩子，在这种情况下，电子产品便成了父母的"替代品"。从很小的时候就让孩子接触电子产品并不是一件好的事情，这对孩子的成长没有太多好处，反而还会影响孩子的心理健康。因此，对于广大父母来说，找到一个自己的最佳"替代品"绝对是当务之急。

随着人工智能的不断发展，各种各样的早教智能机器人也应运而生。但是，大多数早教智能机器人更像智能玩具，只可以提供"智能对话"等常规功能，而对于更加高级的人机互动、想象力塑造等方面，则显得无能为力。"布丁豆豆"是一个真正融入了人工智能的早教机器人。

"布丁豆豆"是由 ROOBO 旗下的布丁机器人团队研发的。与其他早教智能机器人有所不同，"布丁豆豆"依托于"AI+OS"机器人系统的技术优势，让孩子真正体会到有形之爱。只要是孩子提出的问题，"布丁豆豆"都可以亲切地回答，如图 6-4 所示。

"布丁豆豆"是一个有感情的机器人，当孩子抚摸它的时候，它会害羞地笑；当孩子抱起它的时候，它又会开心地抖动身体。

"布丁豆豆"具备的双语功能打破了普通早教智能机器人的设计理念。不仅如此，在强智能语音系统 R-KIDS 的助力下，"布丁豆豆"还可以对孩子的语音进行识别，只要孩子发布简单的语音指令，就可以实现中英文之间的自动切换。在双语环境下，"布丁豆豆"既可

图 6-4　"布丁豆豆"早教智能机器人

以帮助孩子学习英文单词和常用短语，又可以教孩子哼唱一些比较经典的英文儿歌。这不仅有利于培养孩子的英语语感，还有利于启蒙孩子的英语天赋。

除此之外，通过"多元智能"的模式，"布丁豆豆"可以让孩子在多个领域得到锻炼，例如锻炼孩子识别颜色的能力、锻炼孩子的手部精细动作等。当然，"布丁豆豆"还可以挖掘孩子的学习潜能，培养孩子的艺术修养等。

当人工智能逐渐完善以后，像"布丁豆豆"这样的早教智能机器人还会越来越多，到了那个时候，孩子就可以拥有一个可以谈心的"好朋友"，而父母也有更多的时间和精力去工作，从而为孩子提供更加坚实的物质保障。

6.3　人工智能时代的教师职责

6.3.1　提高教学的创新性

在当下人工智能时代，教师必须拥有一定的危机意识，一旦有了这样的意识，教师就会想方设法提升教学的创新性。那么，教学的创新性究竟应该如何提升？教师需要从以下三个方面着手。

1. 创新教学方法

在传统教学中，教师一般都会采取启发式、情景式等方法，目的也非常简单，让学生学会应该掌握的知识。但不得不承认的是，这些方法很难让学生主动地接受知识，而且还不利于培养学生的各方面能力。因此，对于广大教师来说，创新教学方法已经成了当务之急。

要想实现教学方法的创新，教师就必须既让学生"学会"知识，又让学生"会学"知识，而其中最关键的是学习方法的指导。具体来说，教师应该教会学生怎样获取和巩固知识及怎样将这些知识应用到具体问题中。

2. 创新师生关系

在传统的师生关系中，教师处于主动状态，而学生则处于被动状态，长此以往，学生的主体地位、创新精神及创新思维难免会被扼杀，所以要想提高教学的创新性，教师就必须将自己的主导作用充分发挥出来，与学生形成一种平等、合作的关系。

另外，在教学过程中，教师还要秉持一种宽容和开放的心态，让自己成为学生探索知识的助力者。与此同时，教师还要保证学生的主体地位，让学生自主、轻松、活泼地进行学习和思考，并从中培养学生的创新能力。师生关系越和谐，学生的学习效果就会越好。

3. 创新问题情境

一个完美的问题情境设计可以让学生对问题有更加强烈的兴趣，这是提升学生创造力的一个重要条件。为此，教师先要营造一个比较舒适的教育氛围，形成一个可以吸引学生的良好环境，同时还要根据不同学科的具体情况，使问题情境得到进一步创新。

需要注意的是，上面所说的问题情境最好有一定的难度，只有这样，才可以让思考的过程变成一个创新的过程，从而充分调动学生思维活动的主动性和创新性，教师的教学创新能力也会因此得到大幅度提升。

在人工智能时代，创新似乎是一个非常关键的字眼，只有不断创新、积极创新，才可以跟上潮流，这一点对教师也同样适用。具体来说，教师必须尽快提高教学的创新能力，才能在一定程度上保证自己不被人工智能取代，才能在人工智能时代中找到属于自己的那一方天地。

6.3.2　增加教学的科技感

既然人工智能时代的到来已经是一个无法逆转的事实，那么教师就应该尽快接受这一现实，同时还应该在积极顺应人工智能的同时增强教学的科技感。通过一些先进的教学设备，让课堂处于一个轻松愉悦的环境中。

1. 讲数据故事让知识不再抽象

人工智能时代与大数据时代相伴相随，数据是人工智能得以顺利运行的基础，人工智能进入了传统课堂，也就意味着大数据进入了传统课堂。大数据已经成了教师必备的一项新的教学基本功，而大数据时代的教师及其自身所附带的工匠精神，也将会被赋予新的核心内涵——"数据精神"。

2. NLP 提高讲课效率

随着人工智能的不断发展，自然语言处理技术（Natural Language Processing，NLP）的能力也越来越强。在教育领域，借助自然语言处理技术，教学语言转化为文字已经成为可能，具体来说，教师的讲解话语，可以被自动识别并转化为板书。教师的教学效率将会比之前有大幅度提升，从而让老师为学生教授更多、更有趣的知识。

3. 借知识图谱丰富教学内容

构建一个内容模型，并对其进行进一步优化，便可以创立知识图谱，从而帮助学生更容易，也更准确地发现适合自己的内容。国外已经出现了这方面的应用，其中比较典型的是分级阅读平台。

据了解，分级阅读平台会为学生推荐最合理的阅读材料，同时还会把阅读和教学联系在一起。更重要的是，阅读材料后面还附带小测验，并会生成相关阅读数据报告，这样教师就可以更好地掌握学生的阅读情况。

例如，英语阅读神器 Newsela 能够抓取来自多家主流媒体的文章，然后派专人将这些文章改写为难度系数不同的版本，最后提供给处于不同学习阶段的学生。

Newsela 上的每篇文章从难到易分为 5 个版本，这里的不同难度是通过对生词量进行调节来实现的。因此，使用 Newsela 的学生并不需要担心自己的词汇量不够，只要用手指上下滑动便可轻松切换文章的难度，非常方便。

不仅如此，在阅读完文章以后，学生还可以进行测试。同一篇文章，如果难度不同，对应的测试题目也不同。每一篇文章后面一共附带 4 道测试题，学生可以在任何时候查阅文章，只要仔细阅读，就可以取得比较不错的测试成绩。

LightSail 是与 Newsela 类似的一个应用。不过，LightSail 上的文章基本上都来自出版的书籍。相关数据显示，LightSail 收集了 400 多个出版商的 8 万多本书籍供学生阅读，而且这些书籍上的文章非常适合学生阅读。

从目前的情况来看，使用 Newsela 的学生数量已经接近 500 万，而 LightSail 也与多家学校达成了密切合作。

习题 6

一、判断题

1. 老师会被人工智能代替。   （   ）

2. 教师必须提高教学的创新能力，才能保证自己不被人工智能取代，有属于自己的一方天地。   （   ）

3. 小的时候让孩子接触电子产品，这对孩子没有太多好处，会影响孩子的心理健康。
                                    （   ）

4. "前沿技术+教育" 才是当下这个时代应该实施的教育模式。   （   ）

二、填空题

1. 人工智能出现并兴起以后，图像、（   ）、文字等数据就可以被很好地识别出来，并形成一个数据汇集平台。

2. 在人工智能时代，创新似乎是一个非常关键的字眼，只有不断创新、积极创新，才可以跟上潮流，这一点对（   ）也同样适用。

三、简答题

1. 如何增加教学的科技感？

2. 提高教学的创新性包括哪些方面？

3. 如何理解 "AI 教育" 和 "教育 AI"？

第 7 章　AI+制造——改变人类的生产方式

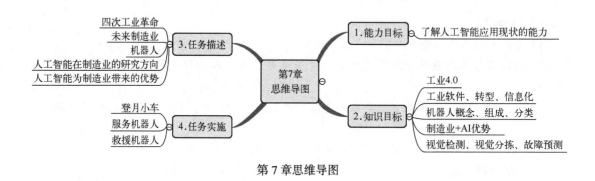

第 7 章思维导图

7.1　四次工业革命

工业是人类生活和发展最不可或缺的基础，每个人的衣食住行，都需要工业来提供和支撑。工业的发展代表着人类社会的发展。为什么要进入工业 4.0？实际上，工业 1.0、工业 2.0、工业 3.0、工业 4.0 分别指的是第一次工业革命、第二次工业革命、第三次工业革命及第四次工业革命（见图 7-1）。

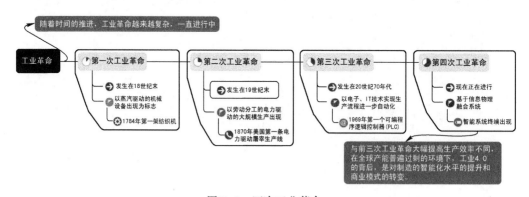

图 7-1　四次工业革命

工业 4.0 产生的社会背景如图 7-2 所示。物联网技术和大数据在工业 4.0 中承担核心技术支持，越来越多的机器人会代替人工，甚至出现"无人工厂"。工业 4.0 的核心技术如图 7-3 所示。

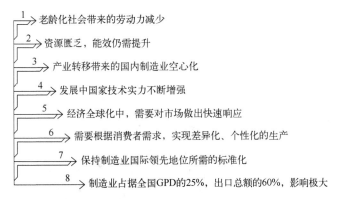

1 → 老龄化社会带来的劳动力减少
2 → 资源匮乏，能效仍需提升
3 → 产业转移带来的国内制造业空心化
4 → 发展中国家技术实力不断增强
5 → 经济全球化中，需要对市场做出快速响应
6 → 需要根据消费者需求，实现差异化、个性化的生产
7 → 保持制造业国际领先地位所需的标准化
8 → 制造业占据全国GPD的25%，出口总额的60%，影响极大

图 7-2 工业 4.0 社会背景

图 7-3 工业 4.0 的核心技术

7.2 未来制造业畅想

7.2.1 工业软件充斥整个制造业

工业软件，是指专门为工业领域所使用的软件，大致可以分为两类（见图 7-4）。

一类是植入硬件产品或生产设备之中的嵌入式软件，可以细分为操作系统、嵌入式数据库和开发工具、应用软件等，它们被植入硬件产品或生产设备的嵌入式系统之中，达到自动化、智能化地控制、监测、管理各种设备和系统运行的目的，对应工业 4.0 中生产设备中的应用。

另一类则是对生产制造进行业务管理的、各种工业领域专用的工程软件。例如，产品生命周期管理系统（PLM），从产品研发、产品设计、产品生产及流通等各个环节对产品全生

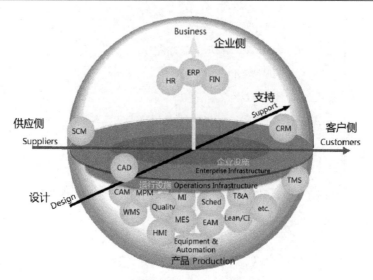

图 7-4　各种工业软件

命周期进行管理；各种计算机辅助设计（CAD）、辅助制造（CAM）、辅助分析（CAE）、辅助工艺（CAPP）及产品数据管理（PDM）等实现生产和管理过程的智能化、网络化管理和控制，对应工业 4.0 中生产管理中的应用。

7.2.2　大数据驱动制造业向服务业转型

大数据技术能够对海量数据信息进行搜集、统计、分析和处理，为人们的信息反馈、商业活动、公共决策等提供重要参考，被广泛用于商业、教育、医疗及管理等各个领域。从总体上看，大数据已经被广泛用于智能电网、社交网络、商业模式、产品消费及智能决策等领域，人们还可以用大数据技术分析产业结构的相关性，预测产业结构发展趋势等（见图 7-5）。

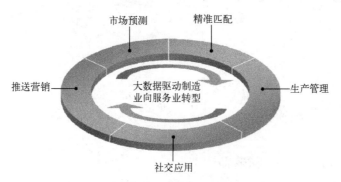

图 7-5　大数据驱动制造业向服务业转型

推动制造业的信息化转型。在互联网时代，制造企业运用网络化、自动化等技术，推动制造业管理信息化，将制造业的研发、设计、加工及销售等环节集合起来，形成了信息化的制造业管理系统，极大地提高了制造企业的生产效率。制造企业在生产运营、市场销售及原料采购等活动中往往会产生海量数据信息，这些数据具有种类繁多、数量庞大、更新速度快等特点，且蕴藏了许多有价值的信息，只有运用大数据技术才能更好地发掘这些数据"宝藏"。比如大数据技术能够获取企业各环节的数据信息，并将数据信息存储于企业数据库中，继而在云计算平台上对数据进行分析，挖掘有价值的信息。

推动制造业的智能化生产。所谓智能生产，是指将信息物理系统用于企业生产、加工的各个环节，以传感器抓取企业生产加工中的数据，通过物联网技术将数据上传至云计算平台，在云平台上对生产流动实行智能检测和智能控制，从而实现制造业生产最优化。此外，在大数据技术支持下，企业还可以利用传感技术、自动化技术等增强产品生产的智能性、网络性，将传统制造业和高端服务业融合在一起，进一步提高企业产品的竞争力。

7.2.3　制造业将成为信息产业的一部分

制造业产品将被视为电子产品或者网络产品。例如，未来的汽车能否与网络互联，可能成为汽车市场上的决定性因素（见图 7-6）。

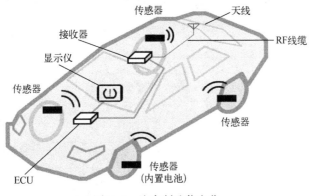

图 7-6　汽车制造信息化

7.3　机器人

机器人（Robot）是自动执行工作的机器装置。它既可以接受人类指挥，又可以运行预先编排的程序，也可以根据以人工智能技术制定的原则纲领行动。它的任务是协助或取代人类的工作，例如生产业、建筑业，或者危险的工作（见图 7-7）。

图 7-7　登月小车

7.3.1　机器人组成

机器人一般由执行机构、驱动装置、检测装置、控制系统和复杂机械等组成（见图 7-8）。

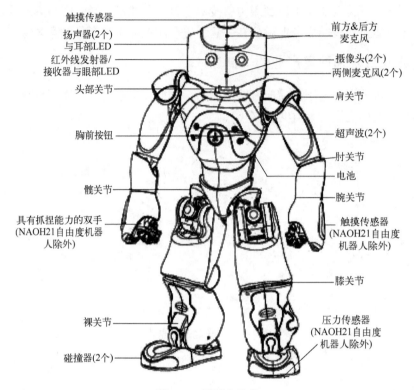

触摸传感器
扬声器(2个)
与耳部LED
红外线发射器/
接收器与眼部LED
头部关节
胸前按钮
髋关节
具有抓捏能力的双手
(NAOH21自由度机器
人除外)
裸关节
碰撞器(2个)

前方&后方
麦克风
摄像头(2个)
两侧麦克风(2个)
肩关节
超声波(2个)
肘关节
电池
腕关节
触摸传感器
(NAOH21自由度
机器人除外)
膝关节
压力传感器
(NAOH21自由度
机器人除外)

图 7-8　机器人组成

（1）执行机构

执行机构即机器人本体，其臂部一般采用空间开链连杆机构，其中的运动副（转动副或移动副）常称为关节，关节个数通常即为机器人的自由度数。根据关节配置类型和运动坐标形式的不同，机器人执行机构可分为直角坐标式、圆柱坐标式、极坐标式和关节坐标式等类型。出于拟人化的考虑，常将机器人本体的有关部位分别称为基座、腰部、臂部、腕部、手部（夹持器或末端执行器）和行走部（对于移动机器人）等。

（2）驱动装置

驱动装置是驱使执行机构运动的机构，按照控制系统发出的指令信号，借助于动力元件使机器人进行动作。它输入的是电信号，输出的是线、角位移量。机器人使用的驱动装置主要是电力驱动装置，如步进电机、伺服电机等，此外也有采用液压、气动等驱动装置。

（3）检测装置

检测装置是实时检测机器人的运动及工作情况，根据需要反馈给控制系统，与设定信息进行比较后，对执行机构进行调整，以保证机器人的动作符合预定的要求。作为检测装置的传感器大致可以分为两类：一类是内部信息传感器，用于检测机器人各部分的内部状况，如各关节的位置、速度、加速度等，并将所测得的信息作为反馈信号送至控制器，形成闭环控制；另一类是外部信息传感器，用于获取有关机器人的作业对象及外界环境等方面的信息，以使机器人的动作能适应外界情况的变化，使之达到更高层次的自动化，甚至使机器人具有某种"感觉"，向智能化发展，例如视觉、声觉等外部传感器给出工作对象、工作环境的有关信息，利用这些信息构成一个大的反馈回路，从而大大提高机器人的工作精度。

（4）控制系统

控制系统有两种方式：一种是集中式控制，即机器人的全部控制由一台微型计算机（简称微机）完成。另一种是分散（级）式控制，即采用多台微机来分担机器人的控制，如当采用上、下两级微机共同完成机器人的控制时，主机常用于负责系统的管理、通信、运动学和动力学计算，并向下级微机发送指令信息；作为下级从机，各关节分别对应一个 CPU，进行插补运算和伺服控制处理，实现给定的运动，并向主机反馈信息。根据作业任务要求的不同，机器人的控制方式又可分为点位控制、连续轨迹控制和力（力矩）控制。

7.3.2　机器人分类

1. 按自动化程度分类

图 7-9 从自动化角度给出了机器人的分类。

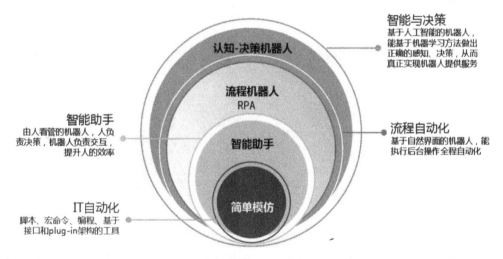

图 7-9　从自动化角度对机器人的分类

RPA（Robotic Process Automation，机器人流程自动化）是人工智能落地的一个解决方案，细节见 16.6 节。

2. 按应用场景分类

按应用场景机器人分为两大类，即工业机器人和特种机器人。

所谓工业机器人就是面向工业领域的多关节机械手或多自由度机器人，是工业生产用自动化装置，能够在工业生产线中自动完成点焊、弧焊、喷漆、切割、装配、搬运、包装及码垛等作业，广泛应用于机械加工、汽车制造、家用电器生产以及钢铁、化工等行业。

而特种机器人则是除工业机器人之外的、用于非制造业并服务于人类的各种先进机器人，包括服务机器人、水下机器人、娱乐机器人、军用机器人、农业机器人及无人机等（见图 7-10）。

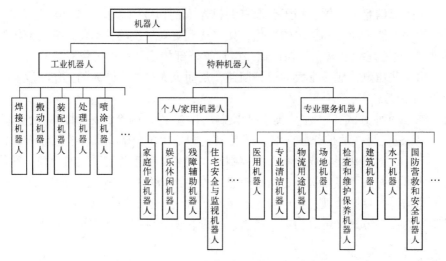

图 7-10　从应用场景对机器人的分类

（1）服务型

服务型机器人能帮助人们打理生活，做简单的家务活（见图 7-11）。

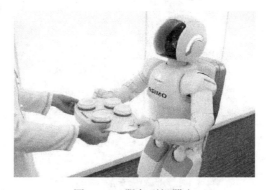

图 7-11　服务型机器人

（2）数控型

数控型机器人能自动控制，可重复编程，具有多功能，有多个自由度，可固定或运动，用于相关自动化系统中（见图 7-12）。

图 7-12　多自由度机器人

（3）救援型

在大型灾难后，救援型机器人能进入人进入不了的废墟中，用红外线扫描废墟中的景象，把信息传送给在外面的搜救人员（见图7-13）。

（4）示教再现型

通过引导或其他方式，先教会机器人动作，输入工作程序，示教再现型机器人则自动重复进行作业。

（5）适应控制型

适应控制型机器人能适应环境的变化，控制其自身的行动。

（6）学习控制型

学习控制型机器人能"体会"工作的经验，具有一定的学习功能，并将所"学"的经验用于工作中（见图7-14）。

图7-13　救援型机器人

图7-14　学习型机器人

3. 按原理分类

图7-15给出了按原理对机器人进行的分类。

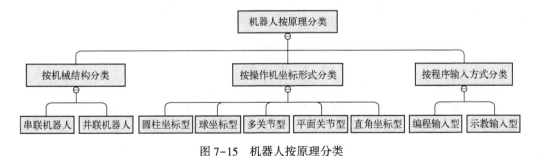

图7-15　机器人按原理分类

7.4　人工智能给制造业带来的优势

在过去的二十年里，机器人技术已经成为制造业不可或缺的一部分，人工智能显著增强了机器人任务的精细性、复杂性和技巧性。

由于传感器的易部署性和先进功能使得人工智能在制造业得以普及。由于传感器不断收集数据，几乎可以放在任何地方，因此随着物联网在该领域的投入越来越大，制造商可以通过其提高生产率、连接性和可扩展性。

1. 预防性维护

维护的首要领域是数据驱动的维护，它使制造业的维护从被动维护转变为预防性维护，并由支持人工智能的预测能力提供支持。根据国际自动化学会的数据，每年全球工业资产停工损失高达 6470 亿美元。传感器和物联网设备的作用，使实时信息反馈到人工智能引擎成为关键。

案例 1：对设备磨损、撕裂、故障——通过人工智能发出潜在故障的警告信号，甚至可以预见设备疲劳。

案例 2：寿命预测，即使用人工智能精确预测资产（如机械）的剩余使用寿命，提高机械和资产的总体寿命。

2. 提高机器人的效能

目前，机器人在自动化制造车间中相当主流，人工智能的出现可以让机器人能更好地完成任务，从而增强机器人的作用。

案例 3：以强大的软件应用来增强机器人的效率，使机器人能够承担复杂的任务，甚至可以增强任务的多功能性。

案例 4：为了使机器人得到更有效的利用，人工智能能否进行更好的人机交互是关键。人机协作机器人正在成为这一领域的潜在推动者。

3. 制造供应链

整个制造业在很大程度上依赖于供应链的整体生产力和效率。人工智能与物联网结合具有巨大的潜力。

案例 5：实时跟踪供应车辆有助于更好地利用物流车队，从而优化总体生产计划。

案例 6：人工智能可以协助人们制定更明智的资产维护计划，从而优化整个资产的成本和质量。

案例 7：利用基于数据驱动的人工智能的库存分析方法，来降低库存成本，对于制造商来说是一个巨大的成本节约。

案例 8：发货和交货提前期不仅可以准确预测，而且还可以通过应用人工智能算法进行优化。

4. 辅助设计

人工智能具有一种技术元素，能够承担艺术、音乐等创造性任务。制造环境中此类相关案例越来越多。

案例 9：像汽车制造商这样的大型设计公司正在使用基于人工智能的设计技术，可使机器或零件或装置等创造性设计不受人类设计师思维的限制。

5. 质量管理与改进

一些数据驱动的计划现在正在成为制造过程的主流，其中最突出的是质量管理和改进领域。

案例 10：人工智能能够理解当前制造质量过程的局限性、缺点或不足，并将人工智能应用于处理质量数据，可以利用多种方式进行改进。

案例 11：使用复杂的人工智能，类似计算机视觉来探索产品中的缺陷是确保产品质量的一个很好的方法。

6. 异常管理

案例 12：在传统的工作流程中，异常通常被转移到人来处理。在人工智能介入的流程中，这样的过程可以自动化，直接的行动可以由程序而不是人来执行。

7. 大规模定制

在数据驱动的产品管理领域，人工智能的一个关键应用将是对客户的密切了解。

案例 13：密切了解客户，设计、制造和测试高智联定制的产品。这将引领设计和制造模式的改变，以更灵活的方式，满足所有不同产品的生产，BTO 模式即是这样的例子。

因此，人工智能与机器人技术和物联网技术相结合，将变革制造业，成为开创智能制造的利器。

7.5　人工智能在制造业的研究方向

目前人工智能在制造业领域主要有三个研究方向：视觉缺陷检测、机器人视觉定位和故障预测。

7.5.1　视觉检测

在人工智能浪潮下，基于深度神经网络，图像识别准确率有了进一步提升，也在缺陷检测领域取得了更多的应用。国内不少机器视觉公司和新兴创业公司，也都开始研发人工智能视觉缺陷检测设备，例如高视科技、阿丘科技、瑞斯特朗等。不同行业对视觉检测的需求各不相同，本节仅列举了视觉缺陷检测应用方向中的极小一部分。

高视科技 2015 年完成了屏幕模组检测设备研发，已向众多国内一线屏幕厂商提供 50 多台各型设备，可以检测出 38 类、上百种缺陷，且具备智能自学习能力。

阿丘科技则推出了面向工业在线质量检测的视觉软件平台 AQ-Insight，主要用于产品表面缺陷检测，可用于烟草行业，实现烟草异物剔除、缺陷检测。相比于传统的机器视觉检测，AQ-Insight 希望能处理一些较为复杂的场景，例如非标物体的识别等，解决传统机器视觉定制化严重的问题。

瑞斯特朗也基于图像识别技术研发了智能验布机，用于布料的缺陷检测，用户通过手机可以给机器下发检测任务，通过扫描二维码生成检测报告。

7.5.2　视觉分拣

工业上有许多需要分拣的作业，若采用人工分拣，则速度缓慢且成本高，如果采用工业机器人，则可以大幅减低成本，提高速度。但是，一般需要分拣的零件是没有整齐摆放的，机器人必须面对的是一个无序的环境，需要机器人本体的灵活度、机器视觉、软件系统对现实状况进行实时运算等多方面技术的融合，才能实现灵活的抓取，困难重重。

近年来，国内陆续出现了一些基于深度学习和人工智能技术，解决机器人视觉分拣问题的企业，如埃尔森、梅卡曼德、库柏特、埃克里得、阿丘科技等，它们通过计算机视觉识别出物体及其三维空间位置，指导机械臂进行正确的抓取。

埃尔森 3D 定位系统是国内首家机器人 3D 视觉引导系统，针对散乱、无序堆放工件的

3D 识别与定位，通过 3D 快速成像技术，对物体表面轮廓数据进行扫描，形成点云数据，对点云数据进行智能分析处理，加以人工智能分析、机器人路径自动规划、自动防碰撞技术，计算出当前工件的实时坐标，并发送指令给机器人实现抓取定位的自动完成。

库柏特的机器人智能无序分拣系统，通过 3D 扫描仪和机器人实现了对目标物品的视觉定位、抓取、搬运、旋转及摆放等操作，可对自动化流水生产线中无序或任意摆放的物品进行抓取和分拣。系统集成了协作机器人、视觉系统、吸盘/智能夹爪，可应用于机床无序上下料、激光标刻无序上下料，也可用于物品检测、物品分拣和产品分拣包装等。目前能实现规则条形工件 100% 的拾取成功率。

7.5.3 故障预测

在制造流水线上，有大量的工业机器人。如果其中一个机器人出现了故障，当人感知到这个故障时，可能已经造成大量的不合格品，从而带来不小的损失。如果能在故障发生以前就检知，则可以有效做出预防，减少损失。

基于人工智能和 IoT 技术，通过在工厂各个设备加装传感器，对设备运行状态进行监测，并利用神经网络建立设备故障的模型，则可以在故障发生前，对故障提前进行预测，将可能发生故障的工件替换，从而保障设备的持续无故障运行。

Uptake 是一个提供运营洞察的 SaaS 平台，该平台可利用传感器采集前端设备的各项数据，然后利用预测性分析技术以及机器学习技术提供设备预测性诊断、进行车队管理、能效优化建议等管理解决方案，帮助工业客户改善生产力、可靠性以及安全性。3DSignals 也开发了一套预测维护系统，不过其主要基于超声波对机器的运行情况进行监听。

不过总体来讲，人工智能故障预测还处于试点阶段，成熟运用较少。一方面，大部分传统制造企业的设备没有积累足够的数据；另一方面，很多工业设备对可靠性的要求极高，即便机器预测准确率很高，依旧难以被接受。此外，投入产出比不高，也是人工智能故障预测没有投入的一个重要因素，很多人工智能预测功能应用后，如果成功能减少 5% 的成本，但如果不成功反而可能带来成本的增加，所以不少企业宁愿不用。

除了以上 3 个主要方向，还有自动 NC 编程 AICAM 系统等一些方向，需要行业去探索和发现。总体而言，人工智能在工业领域的应用才刚刚开始，还有不少潜在应用场景值得去探索和发掘。

习题 7

一、名词解释
1. 智能制造　　　2. 智能制造系统　　　3. 工业机器人　　4. 机器人执行机构
5. 机器人驱动装置　　6. 机器人检测装置　　7. 机器人

二、填空题
1. 机器人控制系统有两种方式，一种是集中式控制，另一种是（　　　　　）控制。
2. 机器人的驱动装置主要是（　　　　　）驱动装置。
3. 制造业将成为信息产业的一部分，制造业产品将被视为电子产品或者（　　　　　　）。

三、简答题

1. 简述制造业在国民经济的地位。

2. 简述机器人的组成。

3. 从自动化角度，机器人分为哪几类？

4. 简述工业 4.0 的核心技术。

5. 简述工业 4.0 产生的社会背景。

6. 谈谈对未来制造业畅想。

第8章 AI+医疗——提升人类的健康水平

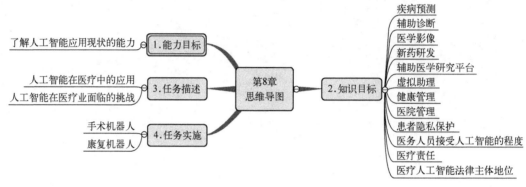

第8章思维导图

8.1 人工智能在医疗中的应用

尽管安防和金融最为火热，但人工智能在医疗领域可能会率先落地。一方面，图像识别、深度学习及神经网络等关键技术的突破带来了人工智能技术新一轮的发展，大大推动了以数据密集、知识密集及脑力劳动密集为特征的医疗产业与人工智能的深度融合；另一方面，随着社会进步和人们健康意识的觉醒，人口老龄化问题的不断加剧，人们对于提升医疗技术、延长人类寿命及增强健康的需求也更加迫切，而实践中却存在着医疗资源分配不均，药物研制周期长、费用高，以及医务人员培养成本过高等问题，对于医疗进步的现实需求极大地刺激了以人工智能技术推动医疗产业变革升级浪潮。图8-1展示了人工智能在医疗领域的九大应用场景。

8.1.1 疾病预测

疾病风险预测是指通过基因测序与检测，提前预测疾病发生的风险。疾病风险预测核心解决的问题是预测个体在未来一段时间内患某种疾病或发生某种事件的风险概率。疾病预测会根据某种人群定义，例如全人群、房颤人群、心梗住院人群等，针对某个预测目标，例如脑卒中、心衰、死亡等，设定特定的时间窗口，包括做出预测的时间点和将要预测的时间窗，预测目标的发生概率。目前人工智能可用于病种的预测包括（但不限于）以下几个方面。

1）心脏病患者死亡预测：英国科学家在《放射学（Radiology）》杂志上发表文章，研究结果认为人工智能可以预测心脏病人何时死亡。英国医学研究委员会下的MRC伦敦医学

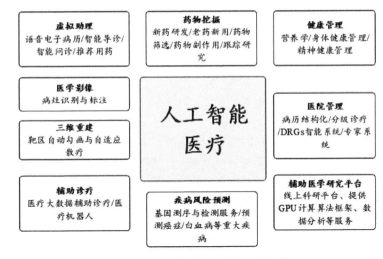

图 8-1　人工智能医疗九大应用场景

科学研究所称，人工智能软件通过分析血液检测结果和心脏扫描结果，可以发现心脏即将衰竭的迹象。

2）骨关节炎发展预测：在 Shinjini Kundu 的研究中，通过收集大量人群 10 年间的软骨MRI 影像数据，通过人工智能去寻找健康人群和患病人群的影像差别。正常人的软骨上的水是均匀分布的，而患有骨关节炎的患者 MRI 图像上红色部位有水的聚集。人工智能通过大量图像数据的学习，能够发现正常人的软骨中的异常，从而预测出未来三年患有骨关节炎的概率。据介绍，这套系统目前的准确度已经达到了 86.2%。

3）流行病风险预测：医疗人工智能通过对医疗大数据的收集分析，可在多个方面提高医疗系统的效率，实现城市或国家层面的流行病风险预测。

人工智能在疾病预测上还包括精神病发病风险预测、慢性肾病分级预测及脑疝预测等。

8.1.2　医学影像

据相关数据显示，90%左右的医疗数据都来自医学影像，而且还正以 30%的增长率逐年增长。不过，影像科医生的整体数量和工作效率似乎根本没有办法应对这样的增长趋势，影像科医生也因此面临着巨大的压力。如图 8-2 所示为人工智能医疗影像识别。

图 8-2　人工智能医疗影像识别

从目前的情况来看，绝大部分医学影像数据仍然需要人工分析，这种方式存在比较明显的弊端，比如精准度低、容易造成失误等。

2017年，腾讯正式推出了"腾讯觅影"。在最开始的时候，"腾讯觅影"还只可以对食道癌进行早期筛查，但发展到现在，已经可以对多个癌症（例如乳腺癌、结肠癌、肺癌、胃癌等）进行早期筛查。而且值得一提的是，已有超过100家的三甲医院都已经成功引入了"腾讯觅影"。

从临床上来看，"腾讯觅影"的敏感度已经超过了85%，识别准确率也达到90%，特异度更是高达99%。不仅如此，只需要几秒的时间，"腾讯觅影"就可以帮医生"看"一张影像图，在这一过程中，"腾讯觅影"不仅可以自动识别并定位疾病根源，还会提醒医生对可疑影像图进行复审。

据了解，在全产业链合作方面，"腾讯觅影"已经与中国多家三甲医院建立了人工智能医学实验室，那些具有丰富经验的医生和人工智能专家也联合起来，共同推进人工智能在医疗领域的真正落地。

目前人工智能需要攻克的一个最大难点就是，从辅助诊断到应用于精准医疗。

8.1.3　辅助诊疗

除医学影像以外，"AI+辅助诊疗"的产品分为两大类：医疗大数据辅助诊疗、医疗机器人（主要指针对诊断与治疗环节的机器人）。医疗机器人主要包括手术机器人、肠胃检查与诊断机器人、康复机器人等。我国在医疗机器人的研究与政策支持方面，都具有良好的发展环境。国外，IBM 和 Google 均已布局辅助诊疗，并构建完整系统。IBM Watson for Oncology 是基于认知计算的医疗大数据辅助诊疗解决方案，为全球首家将认知计算运用于医疗临床工作中的系统。Google 研发的 DeepMind Health 系统将机器学习和系统神经科学结合，通过强大的通用学习算法模拟构建人脑神经网络，以便更好地解决医疗保健问题；DeepMind Health 系统于 2016 年在英国的一家医院使用。

1. 骨科手术机器人

骨科手术机器人比较著名的有 ROBODOC 手术系统，由已并入 CUREXO 科技公司的 Integrated Surgical Systems 公司发布。

该系统能够完成一系列的骨科手术，如全髋关节置换术及全膝关节置换术（THA & TKA），也可用于全膝关节置换翻修术（RTKA），其包括两个组件：一个是配备了三维外科手术前规划专有软件的计算机工作站 ORTHODOC（R），以及一个用于髋、膝置换术精确空腔和表面处理的计算机操控外科机器人 ROBODOC（R）Surgical Assistant。

该设备已经广泛用于全球 20 000 多例外科手术。德国 Orto Maquet 公司推出了 CASPAR 手术系统，该系统用于 THA&TKA 中的骨骼磨削，以及前交叉韧带重建术的隧道入点定位，磨削精度达到了 0.1 mm，在欧洲一些医院里得到应用（见图 8-3）。

2. 牙科辅助机器人

牙科辅助机器人是手术机器人另一个细分市场。目前有牙齿美容机器人和义齿机器人。义齿机器人利用图

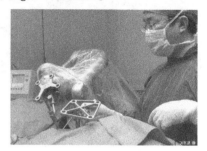

图 8-3　手术机器人

像、图形技术来获取生成无牙颌患者的口腔软硬组织计算机模型，利用自行研制的非接触式三维激光扫描测量系统来获取患者无牙颌骨形态的几何参数，采用专家系统软件完成全口义齿人工牙列的计算机辅助统计（见图 8-4）。

Sinora 齿雕机器人是一款比较典型的牙齿美容机器人，其突破了传统的牙齿修复方法，利用数字化口腔修复网络平台，经 3D 智能数字化技术系统直接设计，避免因材料或操作造成的误差，不会发生规定混合物、印模和设定时间有错误或不符的现象，从诊断、拍摄、设计、制作、试戴在一个区域内完成，一气呵成。例如过去需要一周时间来制作的全瓷牙，现在仅需要 1 h 左右就能完成，"纯"打磨时间仅需要 8~10 min，是目前最有效、最安全的牙齿美容技术。

3. 胃镜机器人

胃镜机器人和手术机器人同属医疗机器人，只是两者以不同的方式进行"手术"而已。目前，胃镜机器人以胃镜胶囊机器人为主。患者只需吞下一颗普通胶囊药物大小的胶囊内镜机器人，医生就能检查胃和小肠。该遥控胶囊内镜机器人集成了各种各样的传感器，采用独创的磁场控制技术，把胶囊内镜变成了"有眼有脚"的机器人。由于其体积很小，进入体内毫无异物感与不适感，消除患者紧张、焦虑情绪，极大提高了受检者对检查的耐受性（见图 8-5）。

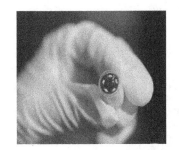

图 8-4　义齿机器人　　　　图 8-5　胃镜机器人

8.1.4　医院管理

医院管理，主要指针对医院内部、医院之间各项工作的管理，主要包括病历结构化、分级诊疗、DRGs（诊断相关分类）智能系统及医院决策支持的专家系统等。在分级诊疗的政策推动之下，国内陆续出现促进分级诊疗的企业服务，其行业前景广阔。分级诊疗的实现，离不开医联体与智能云服务，二者相辅相成。

8.1.5　虚拟助理

医疗领域中的虚拟助理，基于特定领域的知识系统，通过智能语音技术和自然语言处理技术，实现人机交互，将患者的病症描述与标准的医学指南做对比，为用户提供医疗咨询、自诊及导诊等服务。根据统计，目前国内共有 15 家公司提供"虚拟助理"服务，主要解决语音电子病历、智能导诊、智能问诊及推荐用药等需求，并且有衍生出更多需求的可能性。

8.1.6　健康管理

"健康管理"应用场景，主要包含营养学、身体健康管理及精神健康管理三大子场景。目前国内共有14家公司提供"健康管理"服务，公司大多集中于身体健康管理场景。企业包括妙健康、碳云智能、橙意家人、人和未来、解码DNA及时云医疗等。

国内在营养学场景的人工智能公司较少，例如，碳云智能和Airdoc的产品可分别通过血糖监测和菜品识别指导用户合理用餐。

国际上，爱尔兰都柏林的创业公司Nuritas是营养学应用场景中的典型代表。Nuritas将人工智能与生物分子学相结合，进行肽的识别；根据每个人的身体情况，使用特定的肽来激活健康抗菌分子，改变食物成分，消除食物副作用，从而帮助个人预防糖尿病等疾病的发生、杀死抗生素耐药菌。

相对于传统的人工康复训练模式，康复机器人（见图8-6）带动患者进行康复运动训练具有很多优点。

1）机器人更适合执行长时间简单重复的运动任务，能够保证康复训练的强度、效果与精度，且具有良好的运动一致性。

2）通常康复机器人具备可编程能力，可针对患者的损伤程度和康复程度，提供不同强度和模式的个性化训练，增强患者的主动参与意识。

3）康复机器人通常集成了多种传感器，并且具有强大的信息处理能力，可以有效监测和记录整个康复训练过程中人体运动学与生理学等数据，对患者的康复进度给予实时反馈，并可对患者的康复进展做出量化评价，为医生改进康复治疗方案提供依据。

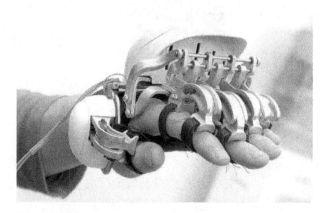

图 8-6　康复机器人

目前，针对肌电、脑电及运动和力学信息识别人体运动意图已经有大量的研究工作成果可以借鉴。通过肌电来估计关节力或者运动、通过力位信息来估计关节力等已经获得了较高的识别准确率，而基于脑机接口的意图识别一般只是限定在有限的动作模式上，与人体自然运动还有差距。如何设计出可靠性高、识别精度高、实时性能好的意图识别系统还是有许多待突破的技术难点。而如何增强患者神经、肌骨以及认知等的参与水平，目前还处在探索性的起步阶段。

8.1.7　辅助医学研究平台

辅助医学研究平台，是利用人工智能技术辅助生物医学相关研究者进行医学研究的技术平台。医疗科研和临床并重才能整体提升国家的医疗水平，目前我国投入和医患比与美国相比有一定的差距，存在重临床轻科研的现象（见图 8-7）。

将人工智能技术引入辅助医疗科研能有效改变这一现状，图 8-8 给出了辅助医疗科研平台的一个解决方案。

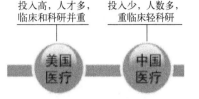

图 8-7　中美辅助医疗科研差距

图 8-8　辅助医疗科研平台解决方案

8.1.8　新药研发

通常来讲，研发一种新药物应该需要 10 年左右的时间，以及十亿元甚至上百亿元的资金，这也使药物价格有了很大的提升。但是，将人工智能融入研发新药物的过程中，不仅可以降低整体成本，还可以对新药物的安全性进行自动检验。

首先，在筛选新药物的过程中，可以获得安全性比较高的几种备选新药物。具体来说，当出现很多种新药物都可以在一定程度上治愈某种疾病，但医生又很难对这些新药物的安全性进行判断的情况时，人工智能的搜索算法便可以为医生筛选出安全性比较高的那几种。

其次，对于那些还没有进入动物试验和人体试验阶段的新药物，同样也可以依靠人工智能来准确地检测其安全性。通过筛选及搜索既有药物的副作用，人工智能可以控制进入动物试验和人体试验阶段的新药物种类，这样，不仅可以大大缩短研发新药物的时间，还可以降低研发新药物的成本，一举两得。

在依靠人工智能研发新药物方面，Atomwise 是一个非常具有代表性的例子。通过超级计算机对自身已有数据库进行深入分析，利用人工智能及复杂算法对新药品的研发过程进行精准模拟，借助一些前沿技术对新药物的研发风险进行早期评估，Atomwise 不仅让新药物的研发进程有了极大的加快，还让新药物的研发成本有了大幅度降低，有时甚至只需要数千美元即可。Atomwise 运行在 IBM 的蓝色基因超级计算机上，也正是因为这样，Atomwise 才具有非常强大的计算能力，也可以完成一些比较困难的任务。例如，2015 年，埃博拉病毒突然肆虐，Atomwise 用了一个星期左右的时间就找到了可以控制这种病毒的新药物，而且成本非常低，甚至没有超过 1000 美元。除了研发新药物，Atomwise 还可以提供一些别的服务，例如，为研究机构、创业公司及制药公司准确预测候选新药物的有效性。在合作方面，Atomwise 与 Merck 公司、Autodesk 公司达成了密切合作，同时还帮助生物科技公司、制药公司及相关研究机构完成药物挖掘工作。当然，Atomwise 仅是个例，与之相类似的公司还有很多。

8.2　人工智能在医疗领域面临的挑战

尽管人工智能技术和相关配套政策的快速发展，为人类社会带来了美好的医疗应用前景，但将人工智能技术应用到医疗服务领域，造福人类，仍面临艰巨的挑战。

1. 患者隐私保护

在今天和未来，当移动互联网、大数据和机器智能三者叠加后，人们生活在一个"无隐私的社会"。信息技术、人工智能技术的快速发展，给广大患者提供就医便利的同时，也给患者隐私保护带来了巨大的挑战。

信息技术的快速发展和应用，使得每个人在医疗方面的信息或隐私都在虚拟的网络系统中留下痕迹。如果管理不善，就有可能被不法分子所利用。在人工智能技术快速发展及应用的过程中，智能移动终端和可穿戴设备的广泛使用，对收集人们健康相关的信息提供了非常有效的手段，但同时也给不法分子提供了途径。公民健康信息和患者隐私保护是医疗人工智能面临的重大挑战，应对该挑战需从技术、法律制度等多方面着手，需要患者、医疗机构、人工智能公司、政府和社会各界共同努力。

2. 医务人员接受人工智能的程度

医疗行业是一个技术和准入门槛很高的行业，医务人员是医疗行业的核心和主体，医疗人工智能能否快速发展和应用，离不开医务人员的支持和推动。如果担心医疗人工智能的发展会抢了医务人员的"饭碗"，使大量医务人员失业，一些医务人员可能会抵制或消极对待医疗人工智能的发展，那将会极大地降低医疗人工智能的发展速度。因此，如何对医疗人工智能进行科学、合理的科普宣传，让医务人员认识到人工智能技术对医疗服务的意义和价值，让医务人员接受并主动应用和推广医疗人工智能技术也是医疗人工智能发展面临的挑战之一。

3. 风险责任

通过医疗人工智能系统或平台在进行看病就诊过程中，医患关系由原来的患者与医疗机构和医务人员之间的关系变成了患者、医疗人工智能系统或平台、医疗机构、医务人员三方或四方之间关系，法律关系的主体增加了一方。此外，很多看病就医行为是通过虚拟的信息系统或人工智能系统进行，可能发生医疗风险的主体、环节和因素增多了，医疗风险不可控性增强。因此，有必要加强医疗人工智能背景下的风险责任规制，确保患者和公众的健康权益。

2017 年科大讯飞与清华大学联合研发的人工智能"智医助理"机器人在国家医学考试中心监管下参加了临床执业医师综合笔试测试，2017 年年底，科大讯飞发布公告称，"智医助理"机器人以 456 分的成绩通过了临床执业医师考试。如果智能机器人能像"公司"一样获得法律拟制的"法人"式的法律人格，那将来也可能有依法执业的"机器人医生"，这将是医疗人工智能发展面临的最重大最终极的挑战。

习题 8

一、判断题

1. 医疗人工智能可在多个方面提高医疗系统的效率。　　　　　　　　　　（　　）

2. 人工智能与药物挖掘的结合，使得新药研发时间大大缩短，研发成本大大降低。

　　　　　　　　　　　　　　　　　　　　　　　　　　　　　　　（　　）

3. 将人工智能技术应用到医疗服务领域，造福人类，且不会面临任何挑战。　（　　）

二、填空题

1. 人工智能通过大量（　　）数据的学习，能够发现正常人的软骨中的（　　），从而预测出未来三年患有骨关节炎的概率。

2. 目前国内 AI+药物挖掘已经在逐步落地，但研发周期仍相对较长，且算法需要大量的（　　）和（　　）积累，短期内很难产生营收数据。

3. "健康管理"应用场景，主要包含（　　）、（　　）健康管理、（　　）健康管理三大子场景。

4. 未来出现的机器人将拥有（　　）大脑，甚至可以与人脑的（　　）数量相媲美。

三、简答题

1. 简述 Google 研发的 DeepMind Health 系统是如何解决医疗保健问题的？

2. 人工智能在医疗业面临的挑战有哪些？

理　论　篇

　　人工智能技术研究者们在实现目标的路上各自走出了不同的道路，开辟了不同的研究领域。他们或者模拟人类智能的基本功能（功能模拟法），或者模拟人类智能的物质结构（结构模拟法），或者模拟人类的行为方式（行为模拟法），或者集合功能结构和行为于一身（集成模拟法），来研究和模拟人的智能。

　　不管使用何种方法研究人工智能，都不会脱离开两个方面：智能的理论基础和人工智能的实现。所以，一种广受研究者认可的关于人工智能研究所涉及的基本内容总结为六个方面：问题求解、知识表示、知识发现、机器感知、机器认识和智能系统构建。

　　本篇讨论这些方面的一些技术（智能系统构建不讨论）。

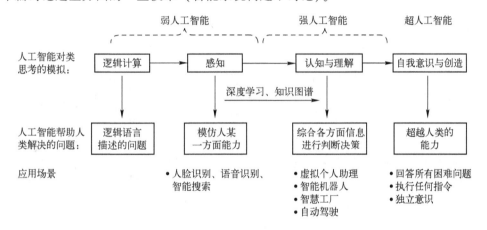

第9章 问题求解单元——搜索技术

现实世界中的大多数问题都是非结构化问题，一般不存在现成的求解方式来求解这样的问题，而只能利用已有的知识一步一步地摸索着前进，这就是搜索。

搜索技术是利用计算机的高性能来有目的地穷举一个问题解空间的部分或所有的可能情况，从而求出问题解的一种方法。通常表现为系统设计或达到特定目的而寻找恰当或最优方案的方法。当缺乏关于系统参数的足够知识时，很难直接达到目的，诸如在博弈、定理证明、问题求解之类的情形。因此，搜索技术也是人工智能的一个重要内容。

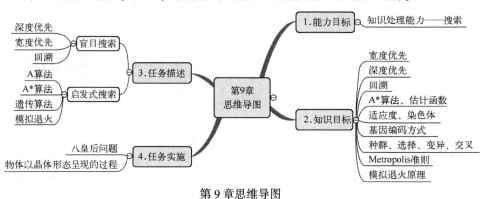

第9章思维导图

9.1 盲目搜索

盲目搜索，也称无信息搜索，即只按预定的控制策略进行搜索，在搜索过程中获得的中间信息不用来改进控制策略。

9.1.1 深度优先搜索

深度优先搜索是一个针对图和树的遍历算法，早在19世纪就被用于解决迷宫问题。

对于图9-1的树而言，深度优先搜索首先从根节点1开始，其搜索节点顺序是1，2，3，4，5，6，7，8（假定左分支和右分支中优先选择左分支）。深度优先搜索是一个与问题无关的通用方法。

深度优先搜索一般不能保证找到最优解：当深度限制不合理时，可能找不到解，可以将算法改为可变深度限制，即有界深度优先搜索。最坏情况时，搜索空间等同于穷举。

缺点：如果目标节点不在搜索所进入的分支上，而该分支又是一个无穷分支，则就得不到解，因此该算法是不完备的。

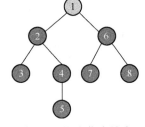

图9-1 深度优先搜索

优点：如果目标节点恰好在搜索所进入的分支上，则可以较快地得到解。

9.1.2 宽度优先搜索

对于图 9-1 的树而言，宽度优先搜索首先从根节点 1 开始，其搜索节点顺序是 1，2，6，3，4，7，8，5。宽度优先搜索也是一个通用的与问题无关的方法。

缺点：当目标节点距离初始节点较远时会产生许多无用的节点，搜索效率低。

优点：只要问题有解，则总可以得到解，而且是最短路径的解，该算法是完备的。

9.1.3 回溯搜索

1. 基本原理

回溯算法实际上是一个类似枚举的搜索尝试过程，主要是在搜索尝试过程中寻找问题的解，当发现已不满足求解条件时，就"回溯"返回，尝试别的路径。回溯法是一种选优搜索法，按选优条件向前搜索，以达到目标。但当探索到某一步时，发现原先选择并不优或达不到目标，就退回一步重新选择，这种走不通就退回再走的技术为回溯法，而满足回溯条件的某个状态的点称为"回溯点"。许多复杂的、规模较大的问题都可以使用回溯法，有"通用解题方法"的美称。它是一种系统地搜索问题的解的方法。

2. 八皇后问题

八皇后问题是一个古老而著名的问题，是回溯搜索的典型案例，以国际象棋为背景。如何能够在 8×8 的国际象棋棋盘上放置八个皇后，使得任何一个皇后都无法直接吃掉其他的皇后？（见图 9-2）为了达到此目的，任两个皇后都不能处于同一条横行、纵行或斜线上。八皇后问题可以推广为更一般的 n 皇后摆放问题：这时棋盘的大小变为 $n_1 \times n_1$，而皇后个数也变成 n_2。而且仅当 $n_2 \geq 1$ 或 $n_1 \geq 4$ 时问题有解。

图 9-3 以四皇后为例，给出回溯搜索算法示例。

图 9-2 八皇后求解

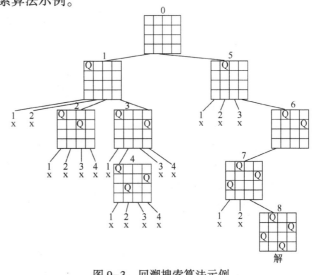

图 9-3 回溯搜索算法示例

9.2　启发式搜索

启发式搜索利用知识来引导搜索，达到减少搜索范围、降低问题复杂度的目的。

希望：引入启发知识，在保证找到最佳解的情况下，尽可能减少搜索范围，提高搜索效率，路径的耗散值和求取路径所需搜索的耗散值两者的组合最小。

基本思想：定义一个评价函数 f，对当前的搜索状态进行评估，找出一个最有希望的节点来扩展。

9.2.1　A 算法或 A* 算法

1. A 算法描述

通用的图搜索算法在采用如下形式的估计函数时，称为 A 算法。

$$f(n)=g(n)+h(n)$$

其中 $g(n)$ 表示从 s 到 n 点费用的估计，因为 n 为当前节点，搜索已达到 n 点，所以 $g(n)$ 可计算出；$h(n)$ 表示从 n 到 g 接近程度的估计，因为尚未找到解路径，所以 $h(n)$ 仅仅是估计值。

$g(n)$：从 s 到 n 的最短路径的耗散值；

$h(n)$：从 n 到 g 的最短路径的耗散值；

$f(n)=g(n)+h(n)$：从 s 经过 n 到 g 的最短路径的耗散值；

$g^*(n)$、$h^*(n)$、$f^*(n)$ 分别是 $g(n)$、$h(n)$、$f(n)$ 的估计值。

打个比方，从 n 走到目的地，那么 $h(n)$ 就是目测大概要走的距离，$h^*(n)$ 则是到达目的地后，实际走了的距离。

2. 算法说明

1）若令 $h(n)\equiv0$，则 A 算法相当于宽度优先搜索，因为上一层节点的搜索费用一般比下一层的小。

2）$g(n)\equiv h(n)\equiv0$，则相当于随机算法。

3）$g(n)\equiv0$，则相当于最佳优先搜索算法。

4）特别是当要求 $h(n)\leqslant h^*(n)$ 时，就称这种 A 算法为 A* 算法。

3. A 算法举例

如在八数码问题中，可以用不正确位置的数字个数作为状态描述好坏的一个度量：$f(n)=$ 位置不正确的数字个数（和目标相比），在搜索过程中采用这个启发式函数将产生图 9-4 所示的图，每个节点的数值是该节点的值。

其他搜索算法有：

1）爬山法（局部搜索算法）。

2）动态规划法。如果对于任何 n，当 $h(n)=0$ 时，A* 算法就称为动态规划算法。

3）分支界限法。分支界限法是优先扩展当前具有最小耗散值分支路径的端节点；评价函数为 $f(n)=g(n)$。

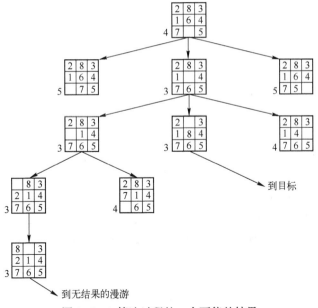

图 9-4　A 算法过程的一个可能的结果

9.2.2　模拟退火

1. 物体以晶体形态呈现的过程

在热力学上,退火现象指物体逐渐降温的物理现象,温度越低,物体的能量状态会越低;达到足够低后,液体开始冷凝与结晶,在结晶状态时,系统的能量状态最低。大自然在缓慢降温(亦即退火)时,可"找到"最低能量状态:结晶。但是,如果过程过急过快,快速降温(亦称淬炼)时,会导致不是最低能态的非晶形。

如图 9-5 所示,首先(左图)物体处于非晶体状态。将固体加温至充分高(中图),再让其徐徐冷却,也就是退火(右图)。加温时,固体内部粒子随温升变为无序状,内能增大,而徐徐冷却时粒子渐趋有序,在每个温度都达到平衡态,最后在常温时达到基态,内能减为最小(此时物体以晶体形态呈现)。

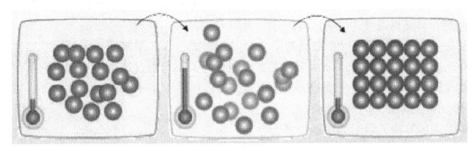

图 9-5　物体以晶体形态呈现的过程

似乎大自然知道慢工出细活:缓缓降温,使得物体分子在每一温度时,能够有足够时间找到安顿位置,则逐渐地,到最后可得到最低能态,系统最安稳。

2. 模拟退火原理

首先介绍一下贪婪策略,如图 9-6 所示,从 A 点开始试探,如果函数值继续减少,那么试探过程就会继续。而当到达点 B 时，显然探求过程结束了（因为无论朝哪个方向努力，结果只会越来越大）。最终只能找到一个局部最优解 B，这就是贪婪算法。

模拟退火其实也是一种贪婪算法，但是它的搜索过程引入了随机因素。模拟退火算法以一定的概率来接受一个比当前解要差的解，因此有可能会跳出这个局部的最优解，达到全局的最优解。以图 9-6 为例，模拟退火算法在搜索到局部最优解 B 后，会以一定的概率接受向右继续移动。也许经过几次这样不是局部最优的移动后会到达 B 和 C 之间的峰点，于是就跳出了局部最小值 B。

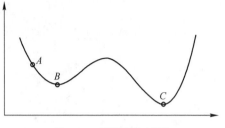

图 9-6　模拟退火过程

根据 Metropolis 准则，粒子在温度 T 时趋于平衡的概率为 $\exp(-\Delta E/(kT))$，其中 E 为温度 T 时的内能，ΔE 为其改变数，k 为玻尔兹曼常数。Metropolis 准则常表示为

$$p = \begin{cases} 1, & E(x_{\text{new}}) < E(x_{\text{old}}) \\ \exp\left(-\dfrac{E(x_{\text{new}}) - E(x_{\text{old}})}{T}\right), & E(x_{\text{new}}) \geq E(x_{\text{old}}) \end{cases}$$

Metropolis 准则表明，在温度为 T 时，出现能量差为 dE 的降温的概率为 $P(dE)$，表示为 $P(dE) = \exp(dE/(kT))$。其中 k 是一个常数，$\exp$ 表示自然指数，且 $dE < 0$。所以 P 和 T 正相关。这个公式表示：温度越高，出现一次能量差为 dE 的降温的概率就越大；温度越低，则出现降温的概率就越小。又由于 dE 总是小于 0（因为退火的过程是温度逐渐下降的过程），因此 $dE/kT < 0$，所以 $P(dE)$ 的函数取值范围是 $(0, 1)$。随着温度 T 的降低，$P(dE)$ 会逐渐降低。

将一次向较差解的移动看作一次温度跳变过程，以概率 $P(dE)$ 来接受这样的移动。也就是说，在用固体退火模拟组合优化问题，将内能 E 模拟为目标函数值 f，温度 T 演化成控制参数 t，即得到解组合优化问题的模拟退火演算法：由初始解 i 和控制参数初值 t 开始，对当前解重复"产生新解→计算目标函数差→接受或丢弃"的迭代，并逐步衰减 t 值，算法终止时的当前解即为所得近似最优解，这是基于蒙特卡罗迭代求解法的一种启发式随机搜索过程。退火过程由冷却进度表控制，包括控制参数的初值 t 及其衰减因子 Δt、每个 t 值时的迭代次数 L 和停止条件 S。

在图 9-6 中，从 B 移向 BC 之间的小波峰时，每次右移（即接受一个更糟糕值）的概率在逐渐降低。如果这个坡特别长，那么很有可能最终并不会翻过这个坡。如果它不太长，则很有可能会翻过它，这取决于衰减 t 值的设定。

3. 模拟退火算法

模拟退火的算法流程图如图 9-7 所示。

9.2.3　遗传算法

遗传算法（Genetic Algorithm）是通过模拟自然进化过程来搜索最优解。

1. SGA 处理流程

SGA（Simple Genetic Algorithm）处理流程如图 9-8 所示。

遗传算法的理论基础是达尔文的"进化论"，在遗传算法模型中，将问题的解答巧妙地

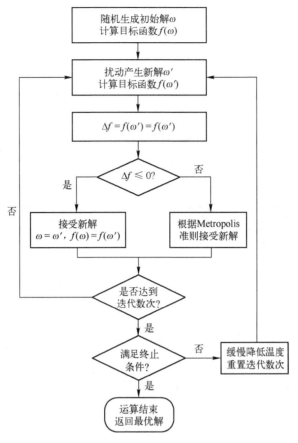

图 9-7　模拟退火算法流程图

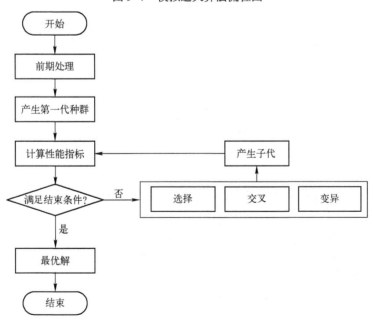

图 9-8　遗传算法流程

编码在一串数值或符号（即所谓的染色体）中，模拟染色体中的一段基因，经过长时间的进化过程，历经选择、交叉和变异三个遗传算子，不断产生新基因，同时淘汰不良基因，最终进化成最优秀的染色体，并满足进化的终止条件，得到问题的最优解。

实现遗传算法时，必须先将要求问题解的质量定义为适应度函数。适应度函数计算的数值代表该系统的性能指针，也就是该物种对于生存环境的适应程度，简称为适应度值，适应度值越高，表示系统性能越好，被选取的概率也越大。

最常见的进化终止条件有两种：得到大于或等于预期的目的适应值，或达到预先定义好的演化代数。也就是说，适应度函数的设计是遗传演算过程是否可以正常执行的关键。

如果适应度函数选择不当，有可能会收敛于局部，而不能达到"真正的全局"最优解。除此之外，由于遗传算法具有不确定的变异因素，可能也会出现无法收敛的情况。这时，可以根据指定的演化函数，或发现搜索结果停滞不前，或已经达到某种饱和现象，设置终止条件。

在遗传算法中，将染色体称为个体，常见的基因编码方式有二进制编码、浮点数编码和字符编码三种。

1）二进制编码：用二进制表示参数空间，其优点是易实现。

2）浮点数编码：直接将参数值当成染色体的基因，省去了编码和译码的动作，其缺点是无法默认搜索的精确度，不适合处理不连续的变量空间。

3）字符编码：直接用字符代表基因的方式。

2. 种群

根据 SGA 处理流程可知，遗传演算开始前，需要先产生初代种群（由一堆随机产生的染色体组成的），由于一个染色体代表一个问题解，因而初代种群也代表初始解的集合。

一个种群应该包括多少染色体？这个要视问题复杂度来定，一般来说，越复杂的问题需要越大的种群规模来解决。

3. 选择

选择机制类似于"无性繁殖"，根据每个染色体的适应度值大小来决定该染色体被选择的概率，适应度越高，被选择概率就大（自然选择），一旦染色体被选择，就会进行"自我复制"，并且被放置在称为配对库的暂存区中。

实现选择机制的两种常用方法是竞争选择法和轮盘赌选择法。

（1）竞争选择法

从种群中选出两个染色体进行适应度值的比较，最后留下适应度较高的染色体作为父代，重复进行这个步骤，直到选出所有的父代为止。

（2）轮盘赌选择法

按照适应度值的大小决定每一个槽的面积大小，可以使用下面公式来表示：

被选中的概率为

$$P(i)=f(i)/(f(1)+f(2)+\cdots+f(S))$$

式中，$f(i)$ 为适应度值；S 为染色体总个数。

也就是说，个体被选中的概率与其适应度函数值成正比（见图9-9）。

接下来来看一个简单的轮盘赌算法。

染色体序号	适应度值	占轮盘百分比
1	250	50%
2	100	20%
3	150	30%

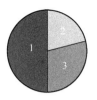

图 9-9　个体被选中的概率与其适应度函数值成正比

```
/ * *
    *按设定的概率随机选中一个染色体,P(i)表示第i个染色体被选中的概率
    */
int RAN( ){
    m = 0;
    r = Random(0,1); // r 为 0 至 1 的随机数
    for(i = 1;i<=S; i++){
        / * *
            *产生的随机数在 m~m+P[i]间则认为选中了 i,i 被选中的概率是 P[i]
            */
        m = m + P[i];
        if(r<=m) return i;
    }
}
```

4. 交叉

第二个遗传算子叫作交叉。

　　　　　交叉前：1000 0010　　　交叉后：1000 0000
　　　　　　　　　1010 0000　　　　　　　1010 0010

作用：希望通过父代之间进行基因交换的动作后，产生具有较高适应度的子代。

位于配对库中的染色体是经过选择运算的结果，在交叉流程开始时，会先从配对库中任意取出两个染色体，并将它们作为父代（见图 9-10）。但是并非所有父代都会进行交叉（取决于交叉概率），实现程序时，可以将交叉概率设置为 0.8~1，接着再取一个随机实数，如果该随机实数小于交叉概率，就进行交叉运算。

交叉概率的大小会影响搜索最优解的速度，太高的交叉概率有可能流失优良的染色体，反之又会造成进化停滞，故一般把交叉概率设置在 0.8~1 为宜。

5. 变异

最后一个遗传算子叫作变异。

　　　　　变异前：1000 0010　　　变异后：1000 0000

是否进行变异取决于变异概率，当随机实数小于变异概率时就会引发突变运算，也就是会将染色体中的某个位，由原来的 0 置换成 1，或者由原来的 1 置换成 0。可以置换某个固定位置的位，也可以由随机数来决定位置。

使用这种随机漫步的方式，突变运算将使遗传算法脱离布局最优解的窘境，得到全局最优解。根据文献研究显示，建议将变异概率设置为 0.001 左右。

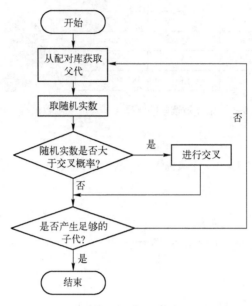

图 9-10 交叉过程

6. 演化迭代

经过选择、交叉和变异三个遗传算子后，即可产生新的子代，继续下一个循环的进化，目前常用的取代方式有以下两种。

1）整群取代：全部用新产生的染色体取代旧种群的染色体。

2）精英保留策略：保留旧种群中适应度值最高的前几名，用新产生的染色体取代其余的染色体。

7. 基本遗传算法伪代码

```
/* *
 * 基本遗传算法伪代码
 * Pj:交叉发生的概率
 * Pb:变异发生的概率
 * M:种群规模
 * G:终止进化的代数
 * T:进化产生的任何一个个体的适应度函数超过 T,则可以终止进化过程
 */
初始化 Pb,Pj,M,G,T 等参数,随机产生第一代种群 Pop
do{
    计算种群 Pop 中每一个体的适应度 f(i),初始化空种群 newPop
    do{
        根据适应度以轮盘赌算法从种群 Pop 中选出两个个体
        if (random (0, 1)< Pj){
            对两个个体按交叉概率 Pj 执行交叉操作
        }
        if (random (0, 1)< Pb){
```

对两个个体按变异概率 Pb 执行变异操作
　　}
将两个新个体加入种群 newPop 中
　　} until（M 个子代被创建）
用 newPop 取代 Pop
　} until（任何染色体得分超过 T，或繁殖代数超过 G）

项目 4. A* 算法八数码问题

习题 9

一、名词解释

1. 回溯搜索　　　2. 遗传算法　　　3. 模拟退火　　　4. A* 算法
5. 深度优先搜索　6. 宽度优先搜索

二、选择题

1. 下列不属于常见的基因编码方式的是（　　　）。

A. 二进制编码　　B. 浮点数编码　　C. 字符编码　　D. 整数编码

2. 下列不属于其他搜索算法的是（　　　）。

A. 爬山法　　　　B. 分类法　　　　C. 动态规划法　　D. 分支界限法

三、判断题

1. 最后一个遗传算子叫作变异。　　　　　　　　　　　　　　　　　（　　）

2. 第二个遗传算子叫作交叉。　　　　　　　　　　　　　　　　　　（　　）

3. 据 SGA 处理流程可知，遗传演算开始前，需要先产生初代种群（由一堆随机产生的染色体组成的），由于一个染色体代表一个问题解，因而初代种群也代表初始解的集合。

（　　）

4. 选择机制类似于"无性繁殖"，根据每个染色体的适应度值大小来决定该染色体被选择的概率，适应度越高，被选择概率就大（自然选择），一旦染色体被选择，就会进行"自我复制"，并且被放置在称为配对库的暂存区中。　　　　　　　　　　　　（　　）

四、填空题

1. 启发式搜索利用知识来引导搜索，达到减少搜索范围、（　　　）的目的。

2. 回溯算法也叫试探法，它是一种（　　　）地搜索问题的解的方法。

3. 深度优先搜索是一个针对（　　　）和（　　　）的遍历算法，早在 19 世纪就被用于解决迷宫问题。

第 10 章　知识表示单元——知识图谱

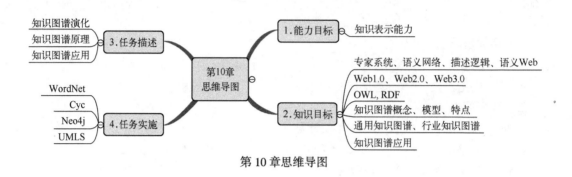

第 10 章思维导图

10.1　知识图谱演化

知识表示可看成是一组描述事物的约定，把人类知识表示成机器能处理的数据结构。

知识表示没有统一的方法，依赖于应用场景，好的知识表示是解决问题的一半，好的知识表示最终结果就是使机器具备理解和解释的能力。图 10-1 给出了知识表示的发展历程。

图 10-1　知识表示发展历程

从图 10-1 看出，知识图谱起源于符号主义，基于符号主义的知识表示方法主要包括命题逻辑、一阶谓词逻辑、产生式系统及框架等。

由于这一时期，计算机有限的内存和处理速度，计算难度指数级增长，出现了著名的莫拉维克悖论："要让计算机如成人般地下棋是相对容易的，但是要让计算机有如一岁小孩般的感知和行动能力却是相当困难，甚至是不可能的。"人工智能开始转向建立基于知识的系统，即知识图谱的萌芽期。

知识图谱虽然是近几年才逐渐为人所知的，但这项技术本身则可追溯到 20 世纪 60 年代末就已经形成的一个方向，即知识工程。

1. 专家系统

专家系统在 1.2.2 节有所讨论。专家系统最重要的两部分是知识库与推理机。它根据一个或者多个专家提供的知识和经验，通过模拟专家的思维过程，进行主动推理和判断，解决问题（见图 10-2），知识表示以一阶谓词逻辑、产生式、框架表示为主。

2. 语义网络

20 世纪 60 年代有一种知识表示方法叫作语义网络。图 10-3 是哺乳动物的语义网络表示。

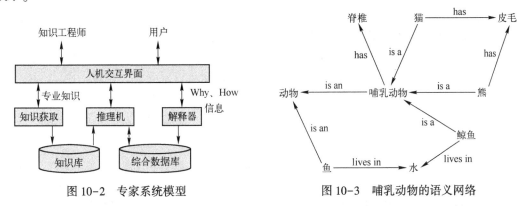

图 10-2　专家系统模型　　　　　　　　图 10-3　哺乳动物的语义网络

语义网络其实就是一个网络。这张图上有各种不同的概念，比如中间的哺乳动物，猫是一种哺乳动物，猫有毛；熊是哺乳动物，熊也有毛；鲸是哺乳动物，但生活在水里面；鱼也生活在水里面，但不是哺乳动物，而属于哺乳动物的上位概念，即动物这个类别；哺乳动物是一种脊椎动物，也是动物的一种。

（1）语义网络优点

1）结构性：以节点和弧形式把事物属性以及事物间的语义联想显式地表示出来。

2）联想性：作为人类联想记忆模型提出。

3）自然性：直观地把事物的属性及其语义联系表示出来，便于理解，自然语言与语义网络的转换比较容易实现。

（2）语义网络缺点

1）非严格性：无公认的形式表示体系，具体知识完全依赖处理程序的解释形式；推理无法保证其正确性；在逻辑上可能不充分，不能保证不存在二义性。

2）处理上的复杂性：语义网络表示知识的手段多种多样，虽然灵活性很高，但同时也由于表示形式的不一致使得对其处理的复杂性提高，对知识的检索也就相对复杂，要求对网络的搜索要有强有力的组织原则。

3. 描述逻辑

语义网络到了 20 世纪七八十年代时演化成了描述逻辑。产生这种变化的原因在于，很多从事自然语言处理和知识表示的学者批评了这种语义网络，他们认为语义网络本身只是一种表征，没有办法用于推理。语义网络+推理变成了描述逻辑。

到了 20 世纪 90 年代，描述逻辑成为知识表示领域的一个非常重要的分支，正好这时候互联网兴起了。1995 年前后开始了真正知识图谱化的第一步：开始把描述逻辑用互联网的语言来重新表征，有人用 HTML，也有人用 XML，再后来经过 W3C 的综合汇总与进一步协调，合并了一个新的语言叫 OWL（本体描述语言）。

研究学者认为 OWL 是描述这个世界的非常好的一种工具，因为它对于机器处理是非常友好的，所以就希望把它放到互联网上去，让更多人用到，但是这个设想后来并没有实现。OWL 在 2006 年前后遇到了瓶颈：没有人真的去产生这样的数据，因为大多数日常场景根本用不到。关于到底应该加强语义，还是加强互联网属性？由此产生了两派不同的人不断进行争论。

一是坚持发展语义网络。他们认为，对于计算机而言，它只需要知道万事万物之间的联系，对于机器处理来说就够了。虽然语义网络没有所谓的"语义"，但它的语义其实都在关系里了。

二是从元数据框架到 RDF。RDF 的本质是三元组，主语、谓语、宾语就是个三元组。他们认为，万事万物各种复杂的关系最后都被拆分成三元组。RDF 是一个没有语义的元数据框架，它和前面提到的描述逻辑不同，描述逻辑是从实验室里来的，它想构建一个庞大的体系，一个完美的知识表现语言，然后再寻求落地。而 RDF 从一开始就是一个从实践出发、自底向上的语言。人们日常生活中所遇到的绝大多数网站，都有着某种类型的元数据，其中相当一部分就是用 RDF 的不同变种来实现的。所以 RDF 总的来说是一个比较成功的技术，因为它来自于现实的实践基础。

4. 语义 Web

Tim Berners-Lee（2016 年图灵奖得主万维网、语义网之父）提出了语义 Web（见图 10-4）。语义 Web 经历了 Web1.0、Web2.0 及 Web3.0 三个阶段。图 10-5 为 Web1.0 示意图。

Web1.0 是以编辑为特征，网站提供给用户的内容是网站编辑进行编辑处理后提供的，用户阅读网站提供的内容。这个过程是网站到用户的单向行为（见图 10-5），Web1.0 时代的代表站点为新浪、搜狐及网易三大门户，强调的是文档互联。

图 10-4　Tim Berners-Lee

图 10-5　Web1.0 示意

Web2.0 强调用户生成内容易用性、参与文化和终端用户互操作性。Web1.0 和 Web2.0 对比如图 10-6 所示。

Web2.0 是在 1.0 的基础上发展起来的，采用 ASP/PHP/JAVA 等动态网页技术结合数据库，主要用于宣传、应用、交互及集成，在互联网及特定局域网应用，如企业局域网、行业城域网等。典型代表有博客中国、亿友交友、联络家等互联网常见的应用，包括新闻网站、论坛、博客、社区及空间等。内网主要是各种管理系统，如人事管理、财务管理、档案管理及学籍管理等，强调的是数据互联。

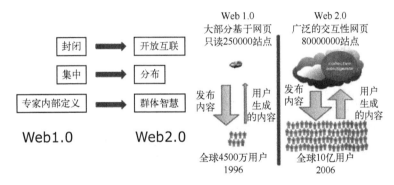

图 10-6　Web1.0 和 Web2.0 对比

Web3.0 是以主动性、数字最大化、多维化等为特征的，以服务为内容的第三代互联网系统，目前只是概念，强调的是个性网页。

5. 知识图谱诞生

历史表明，从实践中总结的方法要优于从顶向下设计的方法。简单的优于强大的，太过复杂的比如 OWL 最终用不起来，反而比较简单的像 RDF、最近比较火的 JSONLD 用得越来越多。越简单越好，这就是知识图谱火起来的原因。

10.2　知识图谱基本原理

10.2.1　认知智能是人工智能的高级目标

从 1.4.2 节知道，认知智能是人工智能的高级目标，进一步人们要思考，如何实现认知智能——如何让机器拥有理解和解释的认知能力。

以知识图谱为代表的知识表示方法是认知智能的核心。知识图谱技术的成熟催生 Web3.0 的到来（见图 10-7）。

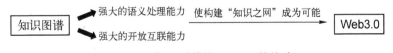

图 10-7　知识图谱是 Web3.0 的基础

10.2.2　知识图谱概念

知识图谱用节点和关系所组成的图谱，为真实世界的各个场景直观地建模，运用"图"这种基础性、通用性的"语言"，"高保真"地表达这个多姿多彩世界的各种关系，并且非常直观、自然、直接和高效，不需要中间过程的转换和处理——这种中间过程的转换和处理，往往把问题复杂化，或者遗漏掉很多有价值的信息。

知识图谱以结构化三元组的形式存储现实世界中的实体以及实体之间的关系，表示为 $G=(E,R,S)$，其中 $E=(e_1,e_2,\cdots,e_{|E|})$ 表示实体集合，$R=(r_1,r_2,\cdots,r_{|R|})$ 表示关系结合，S 包含于 $E×R×E$ 表示知识图谱中三元组的集合。

1）实体：具有可区别性且独立存在的某种事物。

2）类别：主要指集合、类别、对象类型及事物的种类。

3）属性、属性值：实体具有的性质及其取值。

4）关系：不同实体之间的某种联系。

10.2.3　知识图谱模型

从知识表示的角度看，知识图谱本质上是一种大型的语义网络。图 10-8 为知识图谱模型。所以，知识图谱 = 知识本体（Ontology）＋ 知识实例（Instance）。知识本体表达的是实体之间层次关系，知识实例表达的是实体之间语义关联。

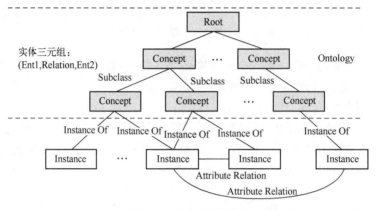

图 10-8　知识图谱模型

10.2.4　知识图谱特点

相比传统知识表示方法，知识图谱的优势显现在哪里？

（1）关系的表达能力强

传统数据库通常通过表格、字段等方式进行读取，而关系的层级及表达方式多种多样，且基于图论和概率图模型，可以处理复杂多样的关联分析，满足企业各种角色关系的分析和管理需要。

（2）像人类思考一样去做分析

基于知识图谱的交互探索式分析，可以模拟人的思考过程去发现、求证及推理，业务人员自己就可以完成全部过程，不需要专业人员的协助。

（3）知识学习

利用交互式机器学习技术，支持根据推理、纠错及标注等交互动作的学习功能，不断沉淀知识逻辑和模型，提高系统智能性，将知识沉淀在企业内部，降低对经验的依赖。

（4）高速反馈

图式的数据存储方式，相比传统存储方式，数据调取速度更快，图库可计算超过百万潜在的实体的属性分布，可实现秒级返回结果，真正实现人机互动的实时响应，让用户可以做到即时决策。

10.2.5　知识图谱的分类

1. 通用知识图谱

面向开放领域的通用知识图谱，如常识类、百科类。

1) 数据来源：互联网、知识教程等。

2) 主要应用：知识获取的场景，要求知识全面，如搜索引擎、知识问答。

3) 通用知识图谱项目有如下两种。

① 面向语言知识图谱，如 WordNet：155 327 个单词，同义词集 117 597 个，同义词集之间有 22 种关系链接。

② 事实性知识图谱，如

Cyc：23.9 万个实体，1.5 万个关系属性，209.3 万个事实三元组。

Freebase：4000 多万实体，上万个属性关系，24 多亿个事实三元组。

DBpedia：400 多万实体，48 293 种属性关系，10 亿个事实三元组。

YAGO2：960 万实体，超过 100 个属性关系，1 亿多个事实三元组。

互动百科：800 万词条，5 万个分类。

2. 行业知识图谱

面向特定领域的行业知识图谱，如金融、电信及教育等。

1) 数据来源：行业内部数据。

2) 主要应用：行业智能商业和智能服务，要求精准，如投资决策、智能客服等。

3) 行业知识图谱项目，如

① Kinships：人物亲属关系，104 个实体，26 种关系，10 800 个三元组；

② UMLS：医疗领域，医学概念间关系，135 个实体，49 种关系，6 800 个三元组。

10.3 知识图谱应用场景

依托知识图谱在多源异构数据融合处理与应用方面的优势，形成会思考推理、能学习优化的 AI "大脑"，构建起企业专业知识网络，打破信息孤岛；提供面向业务的智能化服务，改变传统交互方式，提高知识获取及时性、全面性、准确性与便捷性。图 10-9 为知识图谱应用思维导图。

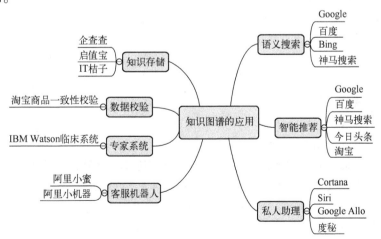

图 10-9 知识图谱应用思维导图

习题 10

一、名词解释

1. 知识表示　　2. 专家系统　　3. 知识图谱

二、单选题

1. （　　）可看成是一组描述事物的约定，把人类知识表示成机器能处理的数据结构。

A. 知识获取　　　　B. 知识表示　　　　C. 知识存储　　　　D. 知识利用

2. （　　）其主要原理为认知过程就是在符号表示上的一种运算。

A. 行为主义　　　　B. 连接主义　　　　C. 符号主义　　　　D. 表示主义

3. 知识表示起源于人工智能的（　　）。

A. 行为主义　　　　B. 连接主义　　　　C. 符号主义　　　　D. 表示主义

4. 下面（　　）不是基于符号主义的知识表示主要方法。

A. 命题逻辑　　　　B. 一阶谓词逻辑　　C. 产生式系统　　　D. 知识图谱

5. "人工智能必须引进知识"是（　　）首先提出的。

A. 西蒙　　　　　　B. 纽厄尔　　　　　C. 费根鲍姆　　　　D. Tim Berners-Lee

6. Web1.0 实现了（　　）。

A. 文档互联　　　　B. 数据互联　　　　C. 知识互联　　　　D. 个性网页

7. Web2.0 实现了（　　）。

A. 文档互联　　　　B. 数据互联　　　　C. 知识互联　　　　D. 个性网页

8. Web3.0 实现了（　　）。

A. 文档互联　　　　B. 数据互联　　　　C. 知识互联　　　　D. 个性网页

9. 从知识图谱模型角度看，知识图谱=知识本体+（　　）。

A. 实体　　　　　　B. 关系　　　　　　C. 关系　　　　　　D. 知识实例

10. 面向语言知识图谱是（　　）。

A. WordNet　　　　B. Freebase　　　　C. DBpedia　　　　D. YAGO2

11. 行业知识图谱项目是（　　）。

A. Kinships　　　　B. Freebase　　　　C. DBpedia　　　　D. YAGO2

三、判断题

1. 知识表示有统一的方法。　　　　　　　　　　　　　　　　　　　　（　　）

2. 目前，认知智能已经基本实现。　　　　　　　　　　　　　　　　　（　　）

3. 语义网络节点和弧都必须带有标识。　　　　　　　　　　　　　　　（　　）

4. 语义网络中的节点可以表示各种事物、概念、情况、属性、动作及状态。（　　）

5. 好的知识表示最终结果就是使机器具备理解和解释的能力。　　　　　（　　）

6. 图数据库把实体（节点）和实体之间的关系建模为边。　　　　　　　（　　）

7. 只有图能有效表示数据之间的关联。　　　　　　　　　　　　　　　（　　）

8. 知识的存储结构为知识图谱。　　　　　　　　　　　　　　　　　　（　　）

9. 知识图谱是智慧的存储结构。　　　　　　　　　　　　　　　　　　（　　）

10. 知识本体表达的是实体之间层次关系。　　　　　　　　　　　　　（　　）

11. 知识实例表达的是实体之间语义关联。　　　　　　　　　　　　（　　）

四、填空题

1. 知识表示可看成是一组描述事物的约定，把人类知识表示成机器能处理的（　　）。

2. 可以判断真假的陈述句称为（　　）。

3. 表达单一意义的命题叫作（　　）。

4. 一阶谓词逻辑将原子命题分解为（　　）词和谓词。

5. 全称量词用（　　）表示。

6. 存在量词用（　　）表示。

7. 产生式规则通常用于描述事物的一种（　　）。

8. 一般认为，人工智能分为计算智能、感知智能和认知智能（　　）个层次。

9. 在人工智能系统中，常把知识定义为（　　）。

10. 知识按获取方法分为显性知识和（　　）知识。

11. 知识按思维认知方法分为（　　）知识和形象知识。

12. 知识按确定程度分为确定性知识和（　　）知识。

13. 知识按知识作用范围分为（　　）知识和通识性知识。

14. 专家系统最重要的两部分是知识库和（　　）。

11. 一个框架由若干个（　　）结构组成。

12. 语义网络通过（　　）来表示知识。

17. 语义网络中的弧指明它所连接的节点间某种（　　）关系。

18. 知识图谱以结构化（　　）的形式存储现实世界中的实体以及实体之间的关系。

五、简答题

1. 简述知识表示的发展历程。

2. 简述语义网络的组成。

3. 简述语义网络的优缺点。

4. 简述基于知识系统的代表性人物与成就。

5. 简述知识图谱发展历程。

第11章　知识发现单元——深度学习

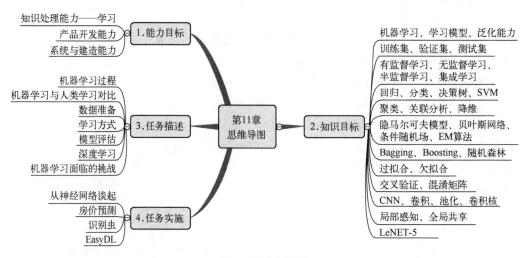

第11章思维导图

11.1　机器学习过程

1. 学习的概念界定及意义

由于许多实际问题，并不知道如何由给定的输入计算出期望的输出（没有算法），或者这种计算可能代价很高（指数级复杂度）。这些任务都不能用传统的编程途径来解决，因为系统设计者无法精确指定从输入数据到输出的方法。解决此问题的一种策略就是让计算机从示例中学习从输入数据到输出的函数对应关系。

Machine Learning（机器学习）至今还没有统一的定义，而且也很难给出一个公认的和准确的定义。为了便于进行讨论和估计学科的进展，有必要对机器学习给出界定。机器学习是研究如何使用机器来模拟人类学习活动的一门学科，目的是获取新的知识或技能，重新组织已有的知识结构使之不断改善自身的性能，它是人工智能的核心，是使计算机具有智能的根本途径。机器学习应用遍及人工智能的各个领域，如自动驾驶汽车、语音识别、图像识别和网络语义搜索。

2. 学习过程

图 11-1 展示了机器学习的一般过程。

$f(x)$ 称为学习模型，泛化能力是指机器学习算法对新鲜样本的适应能力。通常期望学习模型具有较强的泛化能力。

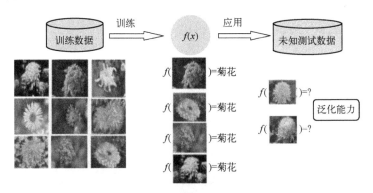

图 11-1　机器学习一般过程

3. 机器学习与人类学习对比

图 11-2 给出了机器学习的地位，图 11-3 给出了机器学习与人类学习对比。

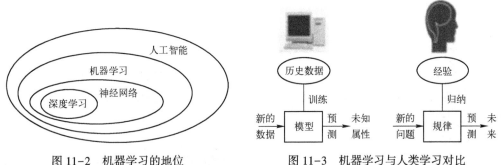

图 11-2　机器学习的地位　　　　　图 11-3　机器学习与人类学习对比

11.2　机器学习模型

如果把机器学习问题看作图 11-4 所示的拟合问题，那么，机器学习模型可表示为图 11-5。

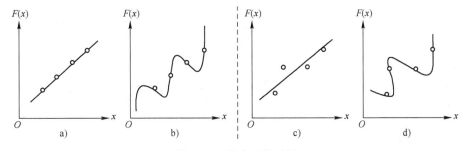

图 11-4　拟合函数示例

从图 11-4 看出，拟合函数有简有繁（a、c 简单，b、d 复杂），拟合度有高有低（a、b、d 拟合度高，c 拟合度低）。从理论上讲，拟合函数有无穷多，如果拟合函数用 $h(x)$ 表示，可能的拟合函数集合为假设空间 H，如果实际的输出为 $y(x)$，则机器学习任务就是在 H 中寻找 $h(x)$，使得 $|y(x)-h(x)|$ 最小，注意这里的 $|\cdot|$ 是误差度量函数，不一定指"差

的绝对值"。

图 11-5　机器学习模型

所以，机器学习过程就是构造逼近 y 的 h 的过程。

11.3　数据准备

11.3.1　数据集划分

1. 训练集

训练数据（Train Data）集是用于建模的，数据集每个样本是有标签的（正确答案）。通常情况下，在训练集上模型执行得很好，并不能说明模型真的好，而更希望模型对看不见的数据有好的表现，训练属于建模阶段，线下进行，如果把机器学习过程比作高考过程，训练则相当于平时的练习。

2. 验证集

为了使模型对看不见的数据有好的表现，使用验证数据（Validation Data）集评估模型的各项指标，如果评估结果不理想，将改变一些用于构建学习模型的参数，最终得到一个满意的训练模型。在验证集上模型执行得很好，也不能说明模型真的好，而更希望模型对看不见的数据有好的表现，验证属于建模阶段，线下进行，如果把机器学习过程比作高考过程，验证则相当于月考或周考。

3. 测试集

测试数据（Test Data）集是一个在建模阶段没有使用过的数据集。人们希望模型在测试集上有好的表现，即强泛化能力。测试属于模型评估阶段，线上进行，如果把机器学习过程比作高考过程，验证则相当高考。

4. 数据集划分标准

一般来说，训练集、验证集和测试集采用 70/15/15 的划分比例，但这不是必需的，要根据具体任务确定划分比例。

11.3.2　数据标注

数据标注是通过数据加工人员（可以借助类似于 BasicFinder 这样的标记工具）对样本数据进行加工的一种行为。通常数据标注的类型包括图像标注、语音标注、文本标注和视频标注等种类。以图像标注为例，标注的基本形式有标注画框、3D 画框、类别标注、图像打点和目标物体轮廓线等，标注画框如图 11-6 所示，类别标注如图 11-7 所示，图像打点如图 11-8 所示。

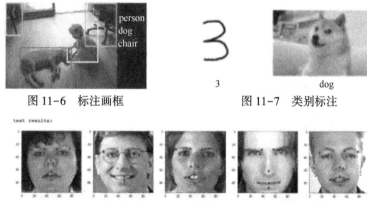

图 11-6　标注画框　　　　　　　　图 11-7　类别标注

图 11-8　图像打点

　　也许这么说仍然会有很多人不理解什么是数据标注。举个简单的例子，人脸识别已成功用于考勤、安防等领域，这种功能的实现大多数人可能都会知道是由智能算法实现的，但是很少有人会想，算法为什么能够识别这些人脸呢，算法是如何变得如此智能的。其实智能算法就像人的大脑一样，它需要进行学习，通过学习后它才能够对特定数据进行处理、反馈。正如人脸识别，模型算法最初是无法直接识别人脸的，而是经过人工对人脸样本进行标注（打标签），将算法无法理解的图像内容转化成容易识别的数字内容，然后算法模型通过被标注后的图像内容进行识别并与相应的人脸进行逻辑关联。也许会有人问，不同的人脸是怎么分辨的，这就是为什么模型算法在学习时需要海量数据的原因，这些数据必须覆盖常用脸型、眼型及嘴型等，全面的数据才能训练出出色的模型算法。

　　因此，数据标注的质量影响学习的效果，数据标注成本非常高，如何自动化实现数据标注是机器学习领域研究热点。

11.4　学习方式

11.4.1　有监督学习

　　有监督学习是指有求知欲的学生（计算机）从老师（环境）那里获取知识、信息。老师提供对错知识（训练集）、告知最终答案的学习过程（见图 11-9）。学生通过学习不断获取经验和技能（模型），对没有学习过的问题（测试集）也能做出正确的解答（预测）。

　　简答地说，有监督学习就是通过训练集学习得到一个模型，然后用这个模型进行预测。根据预测数据是否连续，有监督学习分为两类任务（见图 11-10）。

　　1）回归：预测数据为连续型数值。

　　2）分类：预测数据为类别型数据，并且类别已知。

1. 线性回归

　　如果希望知道自变量 X 是怎样影响因变量 Y 的，以一元线性回归为例，从数学角度，就是建立如下模型：

$$Y=\beta_0+\beta_1X_1+\varepsilon$$

式中，$\boldsymbol{\beta}=(\beta_0,\beta_1)^{\mathrm{T}}$ 称作回归系数。

图 11-9　有监督学习

图 11-10　有监督学习分类

参数 β_0 和 β_1 决定了回归直线相对于训练集的准确程度，即模型预测值与训练集中实际值之间的差距（图 11-11 中 e_i 所指），称为建模误差。

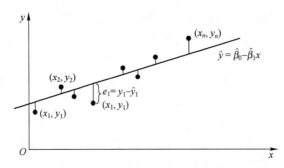

图 11-11　一元线性回归建模误差

建模误差应越小越好，用公式表示如下：

$$\min\left(\sum_{i=1}^{n}(y_i - \hat{y}_i)^2\right) = \min\left(\sum_{i=1}^{n}(y_i - \hat{\beta}_0 - \hat{\beta}_1 x_i)^2\right)$$

梯度下降是一个用来求建模误差最小值的算法，使用梯度下降算法来求出使建模误差最小化的参数 β_0 和 β_1 的值如下：

$$\begin{cases} \hat{\beta}_1 = \dfrac{n\sum\limits_{i=1}^{n}x_i y_i - \left(\sum\limits_{i=1}^{n}x_i\right)\left(\sum\limits_{i=1}^{n}y_i\right)}{n\sum\limits_{i=1}^{n}x_i^2 - \left(\sum\limits_{i=1}^{n}x_i\right)^2} \\ \\ \hat{\beta}_0 = \bar{y} - \hat{\beta}_1 \bar{x} \end{cases}$$

式中，$\bar{x} = \dfrac{1}{n}\sum\limits_{i=1}^{n}x_i,\bar{y} = \dfrac{1}{n}\sum\limits_{i=1}^{n}y_i$。

项目 5. 房价预测

2. 分类

（1）决策树

1）基本思想：决策树模拟人类进行级联选择或决策的过程，按照属性的某个优先级依次对数据的全部属性进行判别，从而得到输入数据所对应的预测输出。

2）基本概念：决策树包含一个根节点、若干内部节点和叶节点。其中叶节点表示决策的结果；内部节点表示对样本某一属性判别。对应表 11-1 的决策树如图 11-12 所示。

测试序列为从根节点到某一叶子节点的路径。在图 11-12 中"天气晴天，温度高，不去打球"为测试序列。

表 11-1　是否去打球的实例

编　号	天　气	温　度	湿　度	风	是否去打球
1	晴天	炎热	高	弱	不去
2	晴天	炎热	高	强	不去
3	阴天	炎热	高	弱	去
4	下雨	适中	高	弱	去
5	下雨	寒冷	正常	弱	去
6	下雨	寒冷	正常	强	不去
7	阴天	寒冷	正常	强	去
8	晴天	适中	高	弱	不去
9	晴天	寒冷	正常	弱	去
10	下雨	适中	正常	弱	去
11	晴天	适中	正常	强	去
12	阴天	适中	高	强	去
13	阴天	炎热	正常	弱	去
14	下雨	适中	高	强	不去

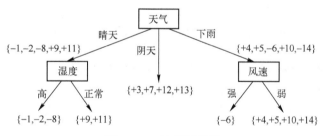

图 11-12　决策树示例

图 11-12 中数字为实例编号，正表示去打球，负表示不去打球。

3）决策树构造过程：首先，根据某种分类规则得到最优的划分特征，计算最优特征子函数，并创建特征的划分节点，按照划分节点将数据集划分为若干部分子数据集；然后，在子数据集上重复使用判别规则，构建出新的节点，作为树的新分支；重复递归执行，直到满足递归终止条件。

4）划分特征选择：合理选择其内部节点所对应的样本属性，使得节点所对应样本子集中的样本尽可能多地属于同一类别，即具有尽可能高的纯度。

特征选择的准则主要有以下三种：信息增益、信息增益比和基尼指数。

① 信息增益（ID3 算法）：$G(D,A)=H(D)-H(D|A)$

其中，$H(X)=-\sum_{i=1}^{n} p_i \log_2 p_i$ 为随机变量 X 的熵。熵可以表示样本集合的不确定性，熵越大，样本的不确定性就越大。其缺点是信息增益偏向取值较多的特征。

② 信息增益比（C4.5 算法）：$g_R(D,A) = \dfrac{G(D,A)}{H_A(D)}$

其中，$H_A(D) = -\displaystyle\sum_{i=1}^{n} \dfrac{|D_i|}{|D|} \log_2 \dfrac{|D_i|}{|D|}$。其缺点是信息增益比偏向取值较少的特征。

③ 基尼指数（CART 算法——分类树）：$Gini(p) = \displaystyle\sum_{k=1}^{K} p_k(1-p_k)$

其中，p_k 表示选中的样本属于 k 类别的概率。

（2）支持向量机

支持向量机（Support Vector Machine，SVM）是一类按有监督学习方式对数据进行二元分类的广义线性分类器，其决策边界是对学习样本求解的最优分类面。

SVM 是 Cortes 和 Vapnik 于 1995 年首先提出的，在解决小样本、非线性及高维模式识别中表现出许多特有的优势。

传统的统计模式识别方法在进行机器学习时，强调经验风险最小化。而单纯的经验风险最小化会产生"过拟合问题"，其泛化力较差。根据统计学习理论，学习机器的实际风险由经验风险值和置信范围值两部分组成。

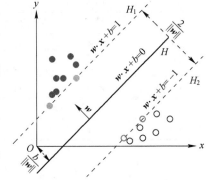

SVM 基本思想可用图 11-13 来说明。图中实心点和空心点代表两类样本，H 为它们之间的分类面：$w \cdot x + b = 0$，H_1、H_2 分别为过各类中离分类面最近的样本且平行于分类面的超平面，它们之间的距离 $2/\|w\|$ 叫作分类间隔。

图 11-13　最优分类面示意图

过两类样本中离分类面最近的点且平行于最优分类面的超平面 H_1、H_2 上的训练样本点就称作支持向量，因为它们"支持"了最优分类面。

项目 6. 鸢尾花分类

欲找到具有最大间隔的分类超平面，也就是：

$$\max_{w,b} \frac{2}{\|w\|}$$

$$\text{s.t.}\quad y_i(w^T \cdot x_i + b) \geqslant 1,\ i = 1,2,\cdots,m$$

式中，m 为输入样本个数。

11.4.2　无监督学习

无监督学习是在没有老师条件下，学生自学的过程（见图 11-14）。无监督学习不局限于解决像有监督学习那样有明确答案的问题，因此，它的学习目标并不十分明确。常见的两类无监督学习任务是聚类、关联分析和降维。

1. 聚类

聚类模型是将物理或抽象对象的集合分组为由类似的对象组成的多个类的分析过程。聚类给出了把两个观测数据根据它们之间的距离计算相似度来分组的方法（没有标注数据）。

39

（1）K-means 聚类

K-means 是最简单的聚类算法之一，但是运用十分广泛。K-means 的计算方法如下。

Step1：随机选取 k 个中心点。

Step2：遍历所有数据，将每个数据划分到最近的中心点中。

Step3：计算每个聚类的平均值，并作为新的中心点。

Step4：重复 Step2~3，直到这 k 个中线点不再变化（收敛了），或执行了足够多的迭代。

图 11-14　无监督学习

该方法有两个前提：通常要求已知类别数；只适用连续性变量。

图 11-15 给出一个 K-means 聚类示例。

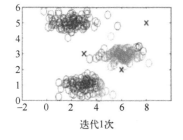 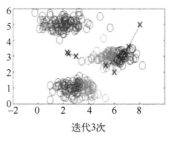 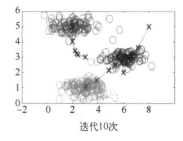

迭代1次　　　　　　　迭代3次　　　　　　　迭代10次

图 11-15　K-means 聚类示例

（2）层次聚类

层次聚类（Hierarchical Clustering，HC）通过计算不同类别数据点间的相似度来创建一棵有层次的嵌套聚类树。在聚类树中，不同类别的原始数据点是树的最底层，树的顶层是一个聚类的根节点。创建聚类树有自下而上合并和自上而下分裂两种方法。

项目 7. K-means 鸢尾花分类

以表 11-2 数据为例，通过欧氏距离计算下面 A 到 G 的欧氏距离矩阵（见图 11-16），并通过合并的方法将相似度最高的数据点进行组合，并创建聚类树（见图 11-17）。

表 11-2　示例数据

A	B	C	D	E	F	G
12.9	38.5	39.5	80.8	82	34.6	112.1

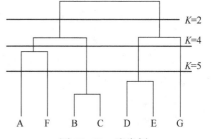

图 11-16　A 到 G 的欧氏距离矩阵　　　　图 11-17　聚类树

（3）谱聚类

谱聚类（Spectral Clustering, SC）是一种基于图论的聚类方法。

1）图（Graph）：由若干点及连接两点的线所构成的图形，通常用来描述某些事物之间的某种关系，用点代表事物，线表示对应两个事物间具有这种关系（见图11-18）。

2）邻接矩阵 W：又称权重矩阵，是由任意两点之间的权重值 w_{ij} 组成的矩阵（见图11-18）。

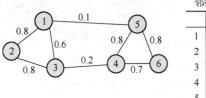

邻接矩阵 W

	1	2	3	4	5	6
1	0.0	0.8	0.6	0.0	0.1	0.0
2	0.8	0.0	0.8	0.0	0.0	0.0
3	0.6	0.8	0.0	0.2	0.0	0.0
4	0.0	0.0	0.2	0.0	0.8	0.7
5	0.1	0.0	0.0	0.8	0.0	0.8
6	0.0	0.0	0.0	0.7	0.8	0.0

图11-18　图对应的邻接矩阵

3）度：对于图中的任意一个点 v_i，它的度 d_i 定义为和它相连的所有边的权重之和，即

$$d_i = \sum_{i=1}^{n} w_{ij}$$

4）度矩阵（D）：利用每个点度的定义，可以得到一个 $n \times n$ 的度矩阵 D。它是一个对角矩阵，只有主对角线有值，对应第 i 行第 i 个点的度数（见图11-19）。

5）Laplacian 矩阵（L）：$L = W - D$（见图11-20）。

度矩阵 D

	1	2	3	4	5	6
1	1.5	0.0	0.0	0.0	0.0	0.0
2	0.0	1.6	0.0	0.0	0.0	0.0
3	0.0	0.0	1.6	0.0	0.0	0.0
4	0.0	0.0	0.0	1.7	0.0	0.0
5	0.0	0.0	0.0	0.0	1.7	0.0
6	0.0	0.0	0.0	0.0	0.0	1.5

图11-19　图11-18对应的度矩阵

Laplaclian 矩阵 $L = D - W$

	1	2	3	4	5	6
1	1.5	−0.8	−0.6	0.0	−0.1	0.0
2	−0.5	1.6	−0.8	0.0	0.0	0.0
3	−0.6	−0.8	1.6	−0.2	0.0	0.0
4	0.0	0.0	−0.2	1.7	−0.5	−0.7
5	−0.1	0.0	0.0	−0.8	1.7	−0.8
6	0.0	0.0	0.0	−0.7	−0.5	1.5

图11-20　图11-18对应的 Laplacian 矩阵

6）切图：

$$Cut(G_1, G_2) = \frac{1}{2} \sum_{i=1}^{2} W(G_i, \overline{G_i}) = \sum_{i \in G_1, j \in G_2} w_{ij} = w_{15} + w_{34} = 0.3$$

切图要求：类内权重和最大，类间权重和最小。

7）谱聚类：切图聚类（见图11-21）。

除此之外，还有网格的聚类（见图11-22a）、基于密度的聚类（见图11-22b）及基于模型的聚类（见图11-22c）。想了解细节的读者请参考相关文献。

2. 关联分析

（1）模型原理

想知道哪些商品顾客可能会在一次购物时同时购买？为回答该问题，可以对

40

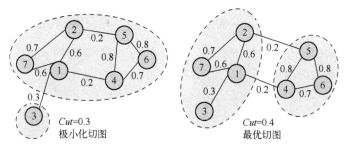

图 11-21　谱聚类示例

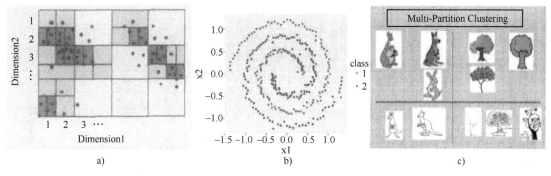

图 11-22　其他聚类方法

商店的顾客事物零售数量进行购物篮分析（见图 11-23）。该过程通过发现顾客放入"购物篮"中的不同商品之间的关联，分析顾客的购物习惯。这种关联的发现可以帮助零售商了解哪些商品频繁地被顾客同时购买，从而帮助他们开发更好的营销策略。

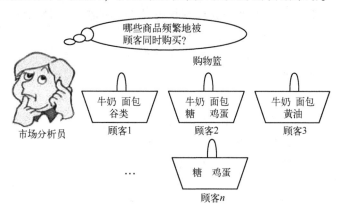

图 11-23　购物篮分析问题

（2）基本术语

假设 $I=\{i_1,i_2,\cdots,i_n\}$ 是项的集合，给定一个交易数据库 $U=\{t_1,t_2,\cdots,t_m\}$，其中每个事务（Transaction）t_i 是 I 的非空子集，即 $t_i \in I$，每一个交易都与一个唯一的标识符 TID（Transaction ID）对应。关联规则是形如 XY 的蕴涵式，其中 X，$Y \in I$ 且 $XY=\varnothing$，X 和 Y 分别称为关联规则的前件和后件。关联规则 XY 在 U 中的支持度（Support）是 U 中事务包含 XY 的百分比，即 $P(XY)$ 的概率，根据图 11-23 得 $P(XY)=\dfrac{|G|}{|U|}$；置信度（Confidence）是包含

X 的事务中同时包含 Y 的百分比，即条件概率 $P(Y|X)$，根据图 11-23 得 $P(Y|X)=\dfrac{|G|}{|A|}$。如果满足最小支持度阈值和最小置信度阈值，则称关联规则是有趣的。这些阈值由用户或者专家设定。下面用一个简单的例子说明。

表 11-3　购物篮分析例子

TID	网球拍	网球	运动鞋	羽毛球
1	1	1	1	0
2	1	1	0	0
3	1	0	0	0
4	1	0	1	0
5	0	1	1	1
6	1	1	0	0

表 11-3 是顾客购买记录的数据库 U，包含 6 个事务。项集 $I=\{$网球拍,网球,运动鞋,羽毛球$\}$。考虑关联规则：网球拍⇒网球，事务 1、2、3、4、6 包含网球拍，事务 1、2、5、6 同时包含网球拍和网球，支持度 $support=\dfrac{3}{6}=0.5$，置信度 $confident=\dfrac{3}{5}=0.6$。若给定最小支持度 $\alpha=0.5$，最小置信度 $\beta=0.8$，关联规则"网球拍⇒网球"是有趣的，它认为购买网球拍和购买网球之间存在相关。

（3）Apriori 算法

1994 年，Agrawal 等人建立了项目集格空间理论，并依据上述两个定理，提出了著名的 Apriori 算法，至今 Apriori 仍然作为关联规则挖掘的经典算法被广泛讨论，以后诸多的研究人员对关联规则的挖掘问题进行了大量的研究。

Apriori 算法是挖掘布尔关联规则频繁项集的算法，关键是利用了 Apriori 性质：频繁项集的所有非空子集也必须是频繁的。

Apriori 算法使用一种称作逐层搜索的迭代方法，k 项集用于探索 $(k+1)$ 项集。首先，通过扫描数据库，累积每个项的计数，并收集满足最小支持度的项，找出频繁 1 项集的集合。该集合记作 L_1。然后，L_1 用于找频繁 2 项集的集合 L_2，L_2 用于找 L_3，如此下去，直到不能再找到频繁 k 项集。找每个 L_k 需要一次数据库全扫描。

Apriori 算法核心思想简要描述如下。

连接步：为找出 L_k（频繁 k 项集），通过 L_{k-1} 与自身连接，产生候选 k 项集，该候选项集记作 C_k；其中 L_{k-1} 的元素是可连接的。

剪枝步：C_k 是 L_k 的超集，即它的成员可以是也可以不是频繁的，但所有的频繁项集都包含在 C_k 中。扫描数据库，确定 C_k 中每一个候选的计数，从而确定 L_k（计数值不小于最小支持度计数的所有候选是频繁的，从而属于 L_k）。然而，C_k 可能很大，这样所涉及的计算量就很大。为压缩 C_k，使用 Apriori 性质：任何非频繁的 $(k-1)$ 项集都不可能是频繁 k 项集的子集。因此，如果一个候选 k 项集的 $(k-1)$ 项集不在 L_k 中，则该候选项也不可能是频繁的，从而可以由 C_k 中删除。这种子集测试可以使用所有频繁项集的散列树快速完成。

3. 降维

降维的意思是能够用一组个数为 d 的向量来代表个数为 D 的向量所包含的有用信息，其中 $d<D$。为什么可以降维，这是因为数据有冗余，要么是一些没有用的信息，要么是一些重复表达的信息，例如一张 512×512 的图只有中心 100×100 的区域内有非 0 值，剩下的区域就是没有用的信息，又或者一张图是成中心对称的，那么对称的部分信息就重复了。正确降维后的数据一般保留了原始数据的大部分重要信息，它完全可以替代输入去做一些其他的工作，从而很大程度上可以减少计算量。例如降到二维或者三维来可视化。

一般来说，可以从两个角度来考虑做数据降维：一种是直接提取特征子集做特征抽取，例如从 512×512 图中只取中心部分；另一种是通过线性/非线性的方式将原来高维空间变换到一个新的空间，这里主要讨论后面一种。后面一种的角度一般有两种思路来实现。

（1）主成分分析 PCA

PCA（Principal Component Analysis）是一种基于从高维空间映射到低维空间的投影方法，主要目的是学习或者算出一个矩阵变换 W，其中 W 的大小是 $D×d$，其中 $d<D$，用这个矩阵与高维数据相乘得到低维数据。降维后的样本点应尽可能分散（方差可以表示这种分散程度）。图 11-24 给出了一个 PCA 示例。线性判别分析 LDA、多维放缩 MDS 都属于 PCA 这一类降维方法。

（2）基于流形学习的方法

流形学习的目的是找到高维空间样本的低维描述，它假设在高维空间中数据会呈现一种有规律的低维流形排列，但是这种规律排列不能直接通过高维空间的欧氏距离来衡量，如图 11-25 左图所示，某两点实际上的距离应该是图 11-25 右图展开后的距离。如果能够有方法将高维空间中流形描述出来，那么在降维的过程中就能够保留这种空间关系，为了解决这个问题，流形学习假设高维空间的局部区域仍然具有欧氏空间的性质，即它们的距离可以通过欧氏距离算出，从而可以获得高维空间的一种关系，

项目 8. 特征选择与降维

而这种关系能够在低维空间中保留下来，从而基于这种关系表示来进行降维，因此流形学习可以用来压缩数据、可视化和获取有效的距离矩阵等。

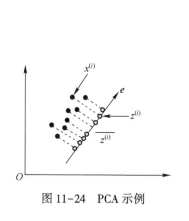

图 11-24　PCA 示例

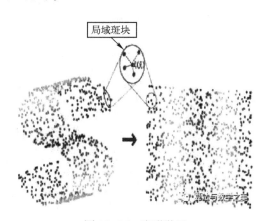

图 11-25　流形学习

11.4.3　概率图模型

概率图模型是机器学习算法中独特的一个分支,它是图与概率论的完美结合。在这种模型中,每个节点表示随机变量,边则表示概率。

1. 隐马尔可夫模型

隐马尔可夫模型在语音识别中取得了成功,后来被广泛用于各种序列数据分析问题,如中文分词等自然语言处理。

（1）随机过程

从一个状态转移到另一个状态有多条路的过程称为随机过程（见图11-26）。

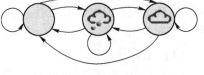

图 11-26　随机过程

（2）马尔可夫过程

一个系统有 N 个状态 S_1, S_2, $\cdots$, S_n, 随着时间推移,系统从某一状态转移到另一状态,设 q_t 为时间 t 的状态,系统在时间 t 处于状态 S_j 的概率取决于其在时间 1, 2, $\cdots$, $t-1$ 的状态,该概率为

$$P(q_t = S_j \mid q_{t-1} = S_i, q_{t-2} = S_k, \cdots)$$

如果系统在 t 时间的状态只与其在时间 $t-1$ 的状态相关,则该系统构成一个离散的一阶马尔可夫链（马尔可夫过程）：

$$P(q_t = S_j \mid q_{t-1} = S_i, q_{t-2} = S_k, \cdots) = P(q_t = S_j \mid q_{t-1} = S_i)$$

（3）马尔可夫模型

如果 $P(q_t = S_j \mid q_{t-1} = S_i) = a_{ij}$, $1 \leq i$, $j \leq N$, 其中状态转移概率 a_{ij} 必须满足 $a_{ij} \geq 0$, 且 $\sum_{j=1}^{N} a_{ij} = 1$, 则该随机过程称为马尔可夫模型（Markov Model, MM）。

（4）状态转移矩阵

状态转移概率构成的矩阵即为状态转移矩阵。

【例 11-1】 假定一段时间的气象可由一个三状态的马尔可夫模型 M 描述, S_1：雨, S_2：多云, S_3：晴,则状态转移概率矩阵为

$$A = [a_{ij}] = \begin{bmatrix} 0.4 & 0.3 & 0.3 \\ 0.2 & 0.6 & 0.2 \\ 0.1 & 0.1 & 0.8 \end{bmatrix}$$

如果第一天为晴天,根据这一模型,在今后七天中天气为 $O =$ "晴晴雨雨晴云晴"的概率为

$$P(O \mid M)$$
$$= P(S_3, S_3, S_3, S_1, S_1, S_3, S_2, S_3 \mid M)$$
$$= P(S_3) P(S_3 \mid S_3) P(S_3 \mid S_3) P(S_1 \mid S_3) P(S_1 \mid S_1) P(S_3 \mid S_1) P(S_2 \mid S_3) P(S_3 \mid S_2)$$
$$= 1 a_{33} a_{33} a_{31} a_{11} a_{13} a_{32} a_{23}$$
$$= 1 \times 0.8 \times 0.8 \times 0.1 \times 0.4 \times 0.3 \times 0.1 \times 0.2$$
$$= 1.536 \times 10^{-4}$$

（5）隐马尔可夫模型（Hidden Markov Model，HMM）

在 MM 中，每一个状态代表一个可观察的事件。在 HMM 中观察到的事件是状态的随机函数，因此该模型是一双重随机过程，其中状态转移过程是不可观察（隐蔽）的（马尔可夫链），而可观察的事件的随机过程是隐蔽的状态转换过程的随机函数（一般随机过程）。

对于一个随机事件，有一观察值序列：$O = o_1, o_2, \cdots, o_T$。

该事件隐含着一个状态序列：$Q = q_1, q_2, \cdots, q_T$。

假设 1：马尔可夫性假设（状态构成一阶马尔可夫链）

$$P(q_i \mid q_{i-1} \cdots q_1) = P(q_i \mid q_{i-1})$$

假设 2：不动性假设（状态与具体时间无关）

$$P(q_{i+1} \mid q_i) = P(q_{j+1} \mid q_j)，对任意 i，j 成立$$

假设 3：输出独立性假设（输出仅与当前状态有关）

$$p(O_1, \cdots, O_T \mid q_1, \cdots, q_T) = \prod p(O_t \mid q_t)$$

一个 HMM 是由一个五元组描述的：$\lambda = (N, M, A, B, \pi)$。

其中

$N = \{q_1, \cdots, q_N\}$：状态的有限集合；

$M = \{v_1, \cdots, v_M\}$：观察值的有限集合；

$A = \{a_{ij}\}$，$a_{ij} = P(q_t = S_j \mid q_{t-1} = S_i)$：状态转移概率矩阵；

$B = \{b_{jk}\}$，$b_{jk} = P(O_t = v_k \mid q_t = S_j)$：观察值概率分布矩阵；

$\pi = \{\pi_i\}$，$\pi_i = P(q_1 = S_i)$：初始状态概率分布。

隐马尔可夫模型（HMM）的三个基本问题如下。

1）评估问题：对于给定模型，求某个观察值序列的概率 $P(O \mid \lambda)$。

2）解码问题：对于给定模型和观察值序列，求可能性最大的状态序列 $\max_Q \{P(Q \mid O, \lambda)\}$。

3）学习问题：对于给定的一个观察值序列 O，调整参数 λ，使得观察值出现的概率 $P(O \mid \lambda)$ 最大。

2. 贝叶斯网络

先看一个例子：一个学生，拥有成绩、课程难度、智力、SAT 得分和推荐信等变量。通过一张图（贝叶斯网络）可以把这些变量的关系表示出来，可以想象成绩由课程难度和智力决定，SAT 成绩由智力决定，而推荐信由成绩决定。

（1）条件概率密度

在这个例子中，将变量简单化，建立一个 CPD（Conditional Probability Distribution）条件概率密度（见图 11-27）。按表 11-4 进行假设。

表 11-4　变量取值及含义

变　　量	值	含　　义
d	0、1	课程简单、课程难
i	0、1	智力一般、智力超常
g	A、B、C	课程获得 A、B、C 的成绩
s	0、1	SAT 成绩一般、成绩优秀
l	0、1	无推荐信、有推荐信

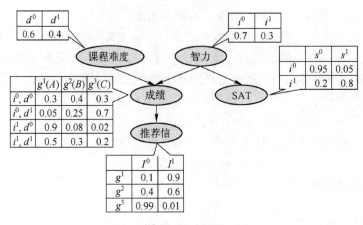

图 11-27　CPD

（2）链式法则

$$P(X_1, \cdots, X_n) = \prod_i P(X_i | \mathrm{Par}_G(X_i))$$

使用贝叶斯网络链式法则，可以将图 11-27 的整体概率表示为图 11-28。

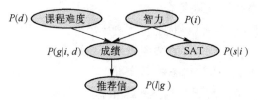

$$P(d, i, g, s, l) = P(d) P(i) P(g|i, d) P(s|i) P(l|g)$$

图 11-28　贝叶斯网络链式法则

（3）贝叶斯网络

比如说 $P(d^0, i^1, g^3, s^1, l^1)$ 的概率等于 0.6×0.3×0.02×0.8×0.01。

贝叶斯网络定义如下。

1）一个有向无环图表示随机变量 $x_1 \cdots x_n$。

2）每个节点都有一个 CPD，是一个父节点的条件概率分布。

3）贝叶斯网络可以表示为一个联合概率分布。

（4）因果推理

因果推理从顶向下，以父节点或者祖先节点为条件（见图 11-29）。

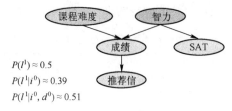

图 11-29　因果推理

3. 条件随机场

设 $G=(V,E)$ 是一个无向图，$Y=\{Y_v|v\in V\}$ 是以 G 中节点 v 为索引的随机变量 Y_v 构成的集合。在给定 X 的条件下，如果每个随机变量 Y_v 服从马尔可夫属性，即 $p(Y_v|X,Y_u,u\neq v)=p(Y_v|X,Y_u,u\sim v)$，则 (X,Y) 就构成一个条件随机场（Conditional Random Fields，CRF）。条件随机场可看成是最大熵马尔可夫模型在标注问题上的推广。

CRF 主要用于序列标注问题，比如用 s、b、m、e 这 4 个标签来做字标注法的分词，目标输出序列本身会带有一些上下文关联，比如 s 后面就不能接 m 和 e 等。CRF 将输出层面的关联分离了出来，这使得模型在学习上更为"从容"，如图 11-30 所示。

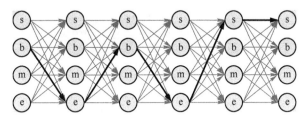

图 11-30　基于 CRF 序列标注问题

在图 12-29 中，每个点代表一个标签的可能性，点之间的连线表示标签之间的关联，而每一种标注结果，都对应着图上的一条完整路径。

在 CRF 的序列标注问题中，要计算的是条件概率：

$$P(y_1,\cdots,y_n|x_1,\cdots,x_n)=P(y_1,\cdots,y_n|x),x=(x_1,\cdots,x_n)$$

为了得到这个概率的估计，CRF 做了两个假设。

假设 1：该分布是指数族分布。

这个假设意味着存在函数 $f(y_1,\cdots,y_n;x)$，使得

$$P(y_1,\cdots,y_n|x)=\frac{1}{Z(x)}\exp\left(f(y_1,\cdots,y_n;x)\right)$$

其中 $Z(x)$ 是归一化因子，因为这个是条件分布，所以归一化因子与 x 有关。这个 f 函数可以视为一个打分函数，打分函数取指数并归一化后就得到概率分布。

假设 2：输出之间的关联仅发生在相邻位置，并且关联是指数加性的。

这个假设意味着 $f(y_1,\cdots,y_n;x)$ 可以更进一步简化为

$$f(y_1,\cdots,y_n;x)=h(y_1;x)+g(y_1,y_2;x)+h(y_2;x)+g(y_2,y_3;x)+\cdots+g(y_{n-1},y_n;x)+h(y_n;x)$$

也就是说，现在只需要对每一个标签和每一个相邻标签对分别打分，然后将所有打分结果求和得到总分。

4. EM 算法

（1）基本思想

EM 算法，即最大期望算法（Expectation Maximization Algorithm），是一种迭代算法，用于含有隐变量的概率参数模型的最大似然估计或极大后验概率估计。

EM 算法应用于高斯混合模型（GMM）、聚类、隐马尔可夫算法（HMM）及基于概率统计的概率隐语义分析 PLSA 模型等。

（2）问题定义

已知手上有两种不同的硬币，分别称为 A 和 B。

实验：

1）随机抛硬币十次为一组，记录正面朝上（H）和反面朝上（T）的数据。

2）换硬币重复试验。

问题：分别求这两个硬币正面朝上的概率θ_A和θ_B。

（3）问题求解

如果信息完全（每次投哪个币，投几次，结果如何），求解过程如图 11-31 所示。

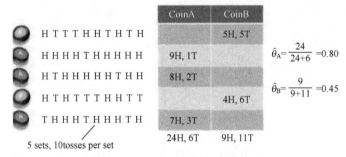

		CoinA	CoinB
	H T T T H H T H T H		5H, 5T
	H H H H T H H H H H	9H, 1T	
	H T H H H H H T H H	8H, 2T	
	H T H T T T H H T T		4H, 6T
	T H H H T H H H T H	7H, 3T	
5 sets, 10 tosses per set		24H, 6T	9H, 11T

$$\hat{\theta}_A = \frac{24}{24+6} = 0.80$$

$$\hat{\theta}_B = \frac{9}{9+11} = 0.45$$

图 11-31　信息完全问题求解过程

假如实验中根本不知道抛的时候究竟是哪一种硬币，就没办法直接计算两种硬币正面朝上的概率了，这种情况叫不完全信息。这与图 11-31 的数据是完全信息的情况一样，区别在于左边的标签是问号，不知道是什么硬币（见图 11-32）。这个时候就用到了 EM 算法。

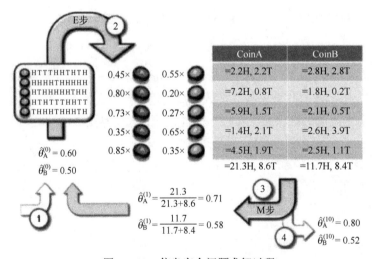

图 11-32　信息完全问题求解过程

换一个思路，如果已知θ_A和θ_B，则可以通过观察抛出来的结果来推测原来硬币究竟是属于 A 还是 B（这个做法叫作最大似然估计）。可以假设已知θ_A或θ_B中的一个，然后再不停互相更新修改。这个过程就是 EM 步骤。

（4）EM 步骤（见图 11-33）

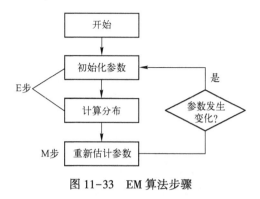

图 11-33　EM 算法步骤

11.4.4　集成学习

1. 基本思想

前面讨论的学习器都是单一的、独立的。整体表现比较差的学习器，在一些样本上的表现是否有可能会超过"最好"的学习器。

当做重要决定时，大家可能都会考虑吸取多个专家的意见而不只是一个人的意见。集成学习也是如此。

集成学习（多个学习器融合）能够在一定程度上弥补单个学习器泛化能力低的缺陷。图 11-34 给出由三个线性分类器集成实现二分类的示例。

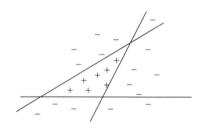

图 11-34　由三个线性分类器集成实现二分类的示例

2. 集成学习使用场景

1）用于分类的特征可能属于不同类型，例如统计特征和结构特征，将它们直接组合起来构成单个分类器是很困难的。因此，将它们各自通过分类器分类，再进行组合是一个很好的解决办法。

2）如果特征的维数太大，只用一个分类器进行识别会比较复杂。此时，将高维的特征向量分解成几个低维向量，分别作为一个分类器的输入，再进行组合也是一个好方法，这是因为多分类器组合对单个分类器的性能要求相对较低。这样做既可以简化对单个分类器的构造难度，又能够降低系统开销。

3）不同分类器之间存在差异性。每一种分类方法都有其自身的优势和局限性，其精度和适用范围也有一定限度。例如，不同分类器可能出错的情况不同，这就是差异性的体现。这种差异性可以利用多个分类器进行互补，来提高分类性能。

3. 半监督学习

半监督学习是有监督学习和无监督学习相结合的一种学习方式。其主要是用来解决使用少量带标签的数据和大量没有标签的数据进行训练和分类的问题。

4. Bagging

个体学习器之间不存在强依赖关系，这样的集成称为装袋（Bagging）。它是在原始数据集选择 S 次后得到 S 个新数据集的一种技术，是一种有放回采样（见图11-35）。

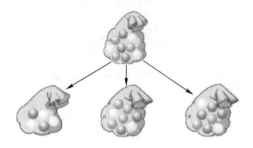

图 11-35　Bagging 原理

```
输入:训练集 S,子分类器 i,循环代数 T
for i = 1 to T{
    从 S 中得到一个样本子集 B
    Cᵢ = I(B)
}
输出:分类器 C*      // 返回得票最多的类别
```

5. Boosting

个体学习器之间存在强依赖关系，这种集成称为提升（Boosting）。Boosting 维持训练集的一个权值分布，训练样本的初始权值均为 1，然后训练一个分类器，根据分类器对训练样本分类的正误以及本轮的训练集上的加权错误率更新样本权值，使得被错分的样本权值增加，从而下一轮分类器训练时努力使分类错误的样本分类正确。最后集成分类器通过分类器集合的加权投票得到，训练错误率低的分量分类器在最后投票中占较高的权重。图 11-36 给出 Boosting 算法工作过程。

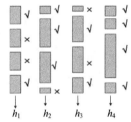

图 11-36　Boosting 原理

值得注意的是，虽然 Boosting 方法能够增强分类器之间的差异性，但是同时也有可能使集成过分偏向于某几个特别困难的样本。因此，该方法不太稳定，有时能起到很好的作用，有时却没有效果，甚至会发生加入新的分量分类器，集成分类器准确率下降的情况。

6. 随机森林

为了克服决策树容易过度拟合的缺点，随机森林算法（Random Forests，RF）把分类决策树组合成随机森林，即在变量（列）的使用和数据（行）的使用上进行随机化，生成很多分类树，再汇总分类树的结果。随机森林在运算量没有显著提高的前提下提高了预测精度，对多元共线性不敏感，可以很好地预测多达几千个自变量的作用，被称为当前最好的算法之一。

随机森林原理，即 RF ＝决策树+Bagging+随机属性选择。

随机森林是通过自助法（Bootstrap）重复采样技术，从原始训练样本集 N 中有放回地重复随机抽取 k 个样本生成新的训练集样本集合，然后根据自助样本生成 k 决策树组成的随机森林。它的最终结果是单棵树分类结果的简单多数投票（见图 11-37）。

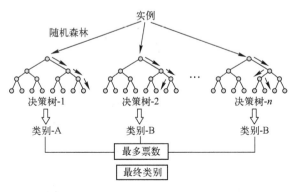

图 11-37　RF 原理

11.5　模型评估

11.5.1　过拟合和欠拟合

对于训练好的模型，若在训练集表现差，在测试集表现同样会很差，这可能是欠拟合导致。欠拟合是指模型拟合程度不高，数据距离拟合曲线较远（见图 11-38a），或指模型没有很好地捕捉到数据特征，不能够很好地拟合数据。

若在训练集表现非常好，但在测试集上表现很差，这可能是过拟合导致。过拟合是指为了使学习模型得到一致假设而使假设变得过度复杂（见图 11-38c）。避免过拟合是学习模型设计中的一个核心任务。通常采用增大数据量和测试样本集的方法对分类器性能进行评价。

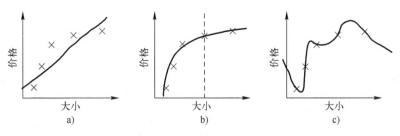

图 11-38　过拟合与欠拟合

a）欠拟合　b）正确拟合　c）过拟合

图 11-39 能更形象地表达过拟合和欠拟合现象。

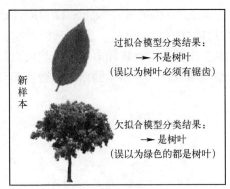

图 11-39　过拟合与欠拟合示例

11.5.2　交叉验证

交叉验证的概念很简单。以 10 倍交叉验证为例，给定一个数据集，随机分割 10 份，使用其中的 9 份来建模，用最后的那 1 份度量模型的性能，重复选择不同的 9 份构成训练集，余下的那 1 份用作测试，需要重复 10 次，10 次测试的平均作为最后的模型性能度量（见图 11-40）。

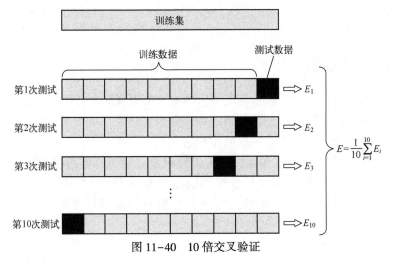

图 11-40　10 倍交叉验证

11.5.3　混淆矩阵

对于二分类，通常称一类为正例（阳性），另一类为反例（阴性）。

将评估模型应用于观测数据集，预测每个观察数据的类别，然后比较预测结果与实际结果。混淆矩阵定义见表 11-5。

表 11-5　二分类混淆矩阵

预测 实际	正　例	反　例	合　计
正例	真阳（TP）	假阴（FN）	实际正例数（TP+FN）
反例	假阳（FP）	真阴（TN）	实际反例数（FP+TN）
合计	预测正例数（TP+FP）	预测反例数（FN+TN）	总样本数 TP+FP+FN+TN

TP（真阳性）表示阳性样本经过正确分类之后被判为阳性。

TN（真阴性）表示阴性样本经过正确分类之后被判为阴性。

FP（假阳性）表示阴性样本经过错误分类之后被判为阳性。

FN（假阴性）表示阳性样本经过错误分类之后被判为阴性。

混淆矩阵是将每个观测数据实际的分类与预测类别进行比较。混淆矩阵的每一列代表了预测类别，每一列的总数表示预测为该类别的数据的数目；每一行代表了观测数据的真实归属类别，每一行的数据总数表示该类别的观测数据实例的数目。每一列中的数值表示真实数据被预测为该类的数目。

11.6 深度学习

深度学习技术是人工智能发展的重要拐点，深度学习几乎出现在当下所有热门的人工智能应用领域，其中包含语义理解、图像识别、语音识别及自然语言处理等。

11.6.1 从神经网络谈起

深度学习是神经网络的发展。虽然真正意义上的人工神经网络诞生于 20 世纪 80 年代，反向传播算法也早就被提出，卷积神经网络、LSTM 等早就被提出，但遗憾的是神经网络在过去很长一段时间内并没有得到大规模的成功应用，在与 SVM 等机器学习算法的较量中处于下风。原因主要有：算法本身的问题，如梯度消失问题，导致深层网络难以训练；训练样本数的限制；计算能力的限制。直到 2006 年，这种情况才慢慢改观。

11.6.2 人工神经网络

人工神经网络（Artificial Neural Networks，ANN），是一种模仿动物神经网络行为特征，进行分布式并行信息处理的算法数学模型。这种网络依靠系统的复杂程度，通过调整内部大量节点之间相互连接的关系，从而达到处理信息的目的，ANN 的基本单元是神经元。

1. 神经元

神经元的物理结构如图 11-41 所示，逻辑结构如图 11-42 示。

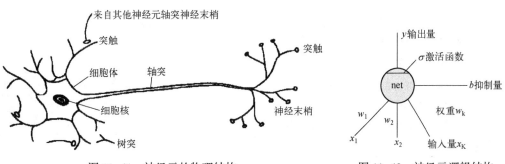

图 11-41 神经元的物理结构   图 11-42 神经元逻辑结构

$$y = \sigma(\text{net}) = \sigma\left(\sum_{i=1}^{k}(wx+b)\right)$$

常用：$\sigma(x) = \dfrac{1}{1+e^x}$

原因：$\sigma'(x) = \sigma(x)[1-\sigma(x)]$

2. 神经网络

多个神经元，按如下规则组成神经网络（见图11-43）。

1）计算自下而上，所以称为前馈。

2）同层没有连接。

3）每一层可以看作一个空间，层的神经元个数为空间维数。

4）输出层是输入层的复合函数。

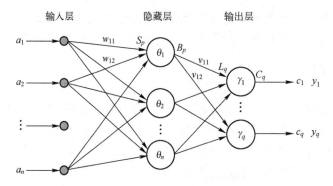

图11-43　单隐藏层的神经网络结构

输入层到隐藏层的权$\{w_{ij}\}$，$i=1,2,\cdots,n$，$j=1,2,\cdots,p$

隐藏层到输出层的权$\{v_{jt}\}$，$j=1,2,\cdots,p$，$t=1,2,\cdots,q$

隐藏层抑制量$\{\theta_j\}$，$j=1,2,\cdots,p$

输出层抑制量$\{\gamma_t\}$，$t=1,2,\cdots,q$

隐藏层输入：$S_j^k = \sum\limits_{i=1}^{n} w_{ij}a_i - \theta_j$，输出：$b_j^k = f(S_j^k) = \dfrac{1}{1+e^{-S_j^k}}$，$j=1,2,\cdots,p$

输出层输入：$L_j^k = \sum\limits_{j=1}^{p} v_{jt}b_j - \gamma_t$，输出：$C_t^k = f(L_t^k) = \dfrac{1}{1+e^{-L_t^k}}$，$t=1,2,\cdots,q$

所谓深度网络就是具有很多个隐藏层的神经网络或深度网络。

3. 用 ANN 方法解决多层网络带来的问题

1）要训练的参数太多。对硬件要求高，数据要多，算法要优。

2）非凸优化问题。陷入局部极值，对参数初始值敏感。

3）梯度弥散问题。对低层的参数调整越来越困难，甚至不收敛。

因此，深度网络研究曾一度处于停滞状态。

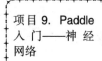

项目 9. Paddle 入门——神经网络

11.6.3　深度学习基本原理

1. 动机

人工智能是人类最美好的梦想之一，图灵测试给人工智能预设了一个很高的期望值。半个世纪过去了，人工智能的进展远远没有达到图灵试验的标准。这不仅让多年翘首以待的人们心灰意冷，认为人工智能遥不可及。受大脑层次认知结构启发（见图 11-44），2006 年 Hinton 等人发表 3 篇关于深度学习的突破性论文，使神经网络研究取得了突破性的进展。图灵测试至少不是那么可望而不可即了。技术手段则不仅仅依赖于云计算对大数据的并行处理能力，而且依赖于算法。这个算法就是 DL（Deep Learning）。借助于 DL 算法，人类终于找到了如何表示"特征"这个亘古难题的方法。

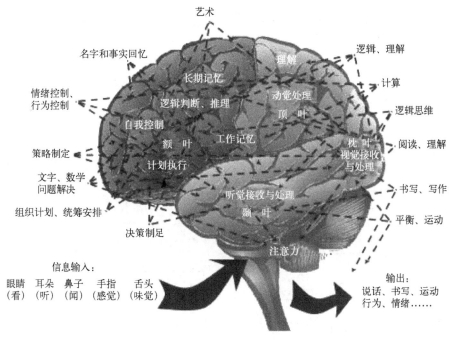

图 11-44　大脑层次认知结构

2. 深度学习基本原理

深度学习是一种深度网络训练算法。深度网络的经典代表就是卷积神经网络 CNN（Convolutional Neural Networks）。由于传统多层神经网络的层与层的节点之间是全连接的。设想一下，如果网络的层与层之间的节点连接不再是全连接，而是局部连接的。这就是一种最简单的一维卷积网络。如果把上述这个思路扩展到二维，就是大多数参考资料上看到的 CNN（见图 11-45）。

CNN 通过局部感知和权值共享减少了神经网络需要训练的参数个数。图 12-45a 为全连接网络。如果有 1000×1000 像素的图像，有 100 万个隐藏层神经元，每个隐藏层神经元都连接图像的每一个像素点，就有 $1000×1000×1\,000\,000 = 10^{12}$ 个连接，也就是 10^{12} 个权值参数。图 12-45b 为局部连接网络，每一个节点与上层节点同位置附近 10×10 的窗口相连接，则 100 万个隐藏层神经元就只有 $1\,000\,000$ 乘以 100，即 10^{8} 个参数。其权值连接个数比原来减

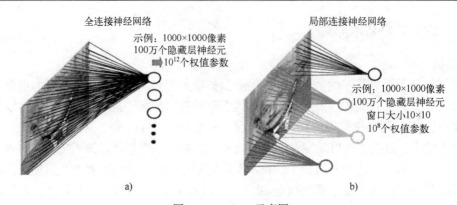

图 11-45　CNN 示意图

少了 4 个数量级。所以，深度学习的基本原理就是局部感知和权值共享。

3. 深度学习与传统学习对比

机器学习过程中，特征工程是最重要、最关键、最耗时的一步，深度学习实现了部分领域的特征工程的自动化，具有里程碑的意义。存在的问题是，特征可解释性有待进一步研究。深度学习与传统学习对比如图 11-46 所示。

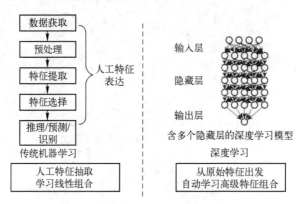

图 11-46　深度学习与传统学习对比

11.6.4　卷积神经网络 CNN

为了理解 CNN，先提一个小问题：当一辆汽车从你身边疾驰而过，你是通过哪些信息知道那是一辆汽车？

"它的材质、速度、发动机的声响，还是什么？"

但是当看到图 11-47 时，你会第一时间反应过来是车。

图 11-47　汽车轮廓

很简单，人类对目标的识别过程为：读一张图片→找到图片的特征→对图片做出分类（见图 11-48）。

图 11-48　人类对目标的识别过程

其实，CNN 的工作原理也是这样。CNN 做的就是下面三件事：读取图片、提取特征和图片分类。下面逐一来看各步骤的细节。

1. 读取图片

如果是一张黑白图片，人们看到的是图 11-49 所示的样子，而在计算机的眼里，它看到的是图 11-50 所示的样子。

这些数字是哪里来的？因为图片是由一个又一个的像素点构成（当将图片无限放大，就能看到那些像素点，见图 11-51），而每一个像素点，都是由一个 0~255 的数字组成。

图 11-49　人看到的狗　　　　图 11-50　计算机看到的狗　　　　图 11-51　由像素构成的狗

所以，第一步的工作是将图 11-49 所示的那只小狗，转换成图 11-50 所示的那一行行数字。

幸运的是，目前在 Python 中很多第三方库，诸如 PIL/Matplotlib 等，都可以实现这种转换，需要了解的是，后面的所有运算过程都是基于图 11-50 来完成的，至于具体的转换过程，则不用费心来做。

2. 提取特征

（1）卷积

在 CNN 中，完成特征提取工作的机制叫"卷积"。"卷积"在每次工作时，都会用到"过滤器"，即卷积核（见图 11-52）。

卷积核的作用是寻找图片的特征。卷积核会在图片上从头到尾"滑过"一遍（见图 11-53）。每滑到一个地方，就将该地方的图像特征提取出来。为了简化问题，将像素值仅用 0 和 1 表示。当过滤器在矩形框中缓慢滑过时，用过滤器中的每一个值，与矩形框中的对应值相乘、再相加（见图 11-54）。

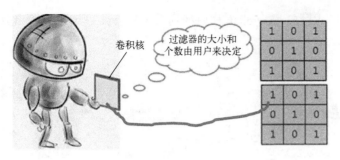

图 11-52　卷积核

图 11-53　卷积核滑过图片

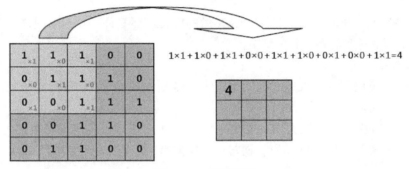

图 11-54　卷积过程

结果"4"就是从第一个方框中提取出的特征。如果每次将卷积核向右、向下移动 1 格，则提取出的特征如图 11-55 所示。

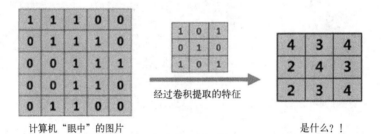

图 11-55　特征提取过程

再从人类的视角重新审视一遍特征提取过程，如图 11-56 所示。

图 11-56　从人类的视角审视特征提取过程

虽然图片模糊了，但是图片中的主要特征已经被卷积核全部提取出来，单凭这么一张模糊的图，足以对它做出判断了。下面再换几个卷积核试试（见图 11-57）。

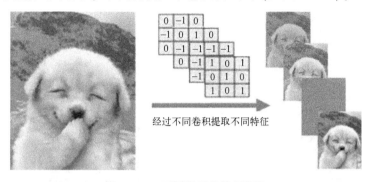

经过不同卷积提取不同特征

图 11-57　不同卷积核特征提取

从图 11-57 可以看出，采用不同的"卷积核"，能够提取出不同的图片特征。那么卷积核里的数值该如何确定？这就是问题的关键所在。每一个卷积核中的数值，都是算法自己学习来的，不需要用户费心去设置。而需要做的是：

1）设置卷积核的大小（用字母"F"表示）。

上例中，卷积核大小是 3×3，即 $F=3$。当然，还可以设置成 5×5 或其他。只不过，需要注意的是，卷积核的尺寸越大，得到的图像细节就越少，最终得到的特征图的尺寸也更小。

2）设置卷积核滑动的步幅数（用字母"S"表示）。

上例中，卷积核滑动的步幅是 1，即每次卷积核向右或向下滑动 1 个像素单位。当然，也可以将步幅设置为 2 或更多，但是通常情况下，使用 $S=1$ 或 $S=2$。

3）设置卷积核的个数（用字母"K"表示）。

上例中展示了 4 种卷积核。所以可以理解为 $K=4$，如图 11-58 所示。

1	0	1
0	1	0
1	0	1

-1	-1	-1
-1	8	-1
-1	-1	-1

-2	1	0
-1	1	1
0	1	2

0	-1	0
-1	5	-1
0	-1	0

图 11-58　4 种不同卷积核

当然，也可以设置任意个数的卷积核。

再次强调，不要在意卷积核里面的数值，那是算法自己学习来的，不需要设置，只要把卷积核的 F、S、K、P 这 4 个参数设置好就可以了，P 在下面介绍。

从图 11-58 能够看到，"卷积"输出的结果，是包含"宽、高、深"3 个维度的。这个"深度"等于卷积核的个数（见图 11-59）。

实际上，在 CNN 中，所有图片都包含"宽、高、深"3 个维度。

上例中输入的图片——狗，它也包含 3 个维度，只不过，它的深度是 1，所以在图片中没有明显地体现出来（图 11-60）。

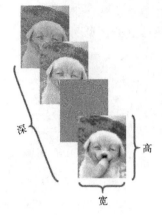

图 11-59 卷积的输出

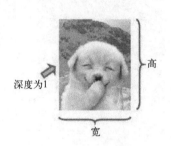

图 11-60 卷积的输入

4）设置是否补零（用字母“P”表示）。

何为“补零”？上面的例子中，采用了 3×3 大小的卷积核直接在原始图片滑过。从结果中可以看到，最终得到的“特征图片”比“原始图片”小了一圈，原因是卷积核将原始图片中，每 3×3=9 个像素点提取为 1 个像素点。所以，当过滤器遍历整个图片后，得到的特征图片会比原始图片更小。

当然，也可以得到一个和原始图片大小一样的特征图，这就需要采用“在原始图片外围补零”的方法。图 11-61 展示了“补零”后的效果。

0	0	0	0	0	0	0
0	1	1	1	0	0	0
0	0	1	1	1	0	0
0	0	0	1	1	1	0
0	0	0	1	1×1	0×0	0×1
0	0	1	1	0×0	0×1	0×0
0	0	0	0	0×1	0×0	0×1

2	2	3	1	1
1	4	3	4	1
1	2	4	3	3
1	2	3	4	1
0	2	2	2	1

图 11-61 补零后的卷积

从图 11-61 中可以看到，当在原始图片外围补上一圈零后，得到的特征图大小和原始图一样，都是 5×5。

（2）池化

池化（Pooling）操作也称为下采样（Subsampling），其作用是过滤冗余特征，减少训练参数。

Pooling 常用操作有三种方式。

1）Max-pooling（见图 11-62）。

2）Mean-pooling（见图 11-63）。

3）Stochastic Pooling。

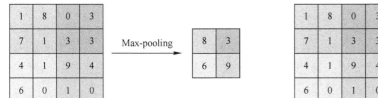
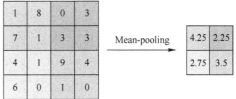

图 11-62　Max-pooling 计算过程　　　　　　　图 11-63　Mean-pooling 计算过程

3. 图片分类

相继的计算层在卷积和池化之间交替，卷积之后进行池化的思想是受到动物视觉系统中"简单的"细胞后面跟着"复杂的"细胞的想法启发而产生的。最后使用传统的全连接网络实现图片分类。下面以 LeNET-5 为例说明 CNN 工作过程。

LeNET-5（见图 11-64）是最早的卷积神经网络之一，曾广泛用于美国银行手写数字识别，其准确率在 99% 以上。

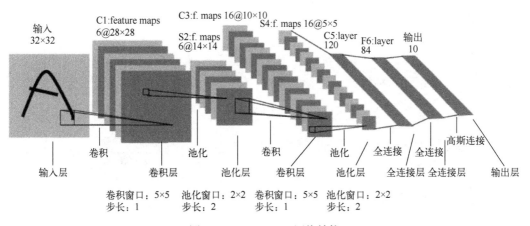

图 11-64　LeNET-5 网络结构

图 11-64 中的卷积网络工作流程如下。输入层由 32×32 个感知节点组成，接收原始图像。然后，计算流程在卷积和池化（下采样）之间交替进行。

第一个隐藏层进行卷积，它由 8 个特征映射组成，每个特征映射由 28×28 个神经元组成，每个神经元指定一个 5×5 的感知野。

第二个隐藏层实现局部平均下采样，它同样由 8 个特征映射组成，但其每个特征映射由 14×14 个神经元组成。每个神经元具有一个 2×2 的感知野、一个可训练系数、一个可训练偏置和一个 sigmoid 激活函数。可训练系数和偏置控制神经元的操作点。

第三个隐藏层进行第二次卷积，它由 20 个特征映射组成，每个特征映射由 10×10 个神经元组成。该隐藏层中的每个神经元可能具有和下一个隐藏层几个特征映射相连的突触连接，它以与第一个卷积层相似的方式操作。

第四个隐藏层进行第二次下采样和局部平均计算。它由 20 个特征映射组成，但每个特征映射由 5×5 个神经元组成，它以与第一次采样相似的方式操作。

第五个隐藏层实现卷积的最后阶段，它由 120 个神经元组成，每个神经元指定一个 5×5 的感知野。

最后是全连接层，得到输出向量。

LeNET-5 包含近似 100000 个突触连接，但只有大约 2600 个自由参数（每个特征映射为一个平面，平面上所有神经元的权值相等）。参数在数量上显著地减少是通过权值共享获得的，使用权值共享使卷积并行计算变得可能。

4. CNN 结构演化历史

CNN 的起点是神经认知机模型，此时已经出现了卷积结构，但是第一个 CNN 模型诞生于 1989 年，1998 年诞生了 LeNet。随着 ReLU 和 dropout 的提出，以及 GPU 和大数据带来的历史机遇，CNN 在 12 年迎来了历史突破。12 年之后，CNN 的演化路径可以总结为四条：①更深的网络；②增强卷积模的功能以及上述两种思路的融合；③从分类到检测；④增加新的功能模块。CNN 演化历史如图 11-65 所示。

项目 10. 手写数字识别

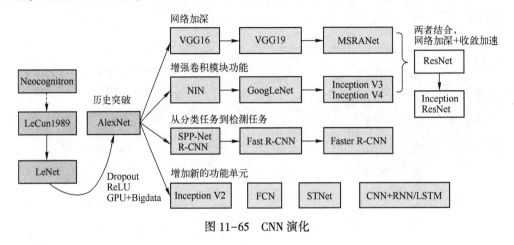

图 11-65　CNN 演化

11.7　机器学习面临的挑战

1）数据稀疏性。训练一个模型，需要大量的（标注）数据，但是数据往往比较稀疏。

2）高质量标注数据需求。标注数据需要大量的人力和财力，而且会出错，具有主观性。

3）冷启动问题。对于一个新产品，在初期要面临数据不足的冷启动问题。

4）泛化能力弱。训练数据不能全面、均衡地代表真实数据。

5）模型抽象困难。总结归纳实际问题中的数学表示非常困难。

6）模型评估困难。在很多实际中，很难形式化、定量地评估一个模型的好坏。

7）寻找最优解困难。要解决的问题非常复杂，将其形式化后的目标函数也非常复杂，目前还不存在一个有效的算法能找到目标函数的最优解。

习题 11

一、名词解释

1. 机器学习　　2. 训练集　　3. 验证集　　4. 测试集　　5. 泛化能力

6. 有监督学习　　7. 回归分析　　8. 无监督学习　　9. 支持向量机

10. 半监督学习

二、选择题

1. 数据标记的基本形式不包括（　　）。

A. 画框　　　　　　B. 类别标注　　　　C. 图像打点　　　　D. 以上都是

2. 数据标记的种类不包括（　　）。

A. 图像标注　　　　B. 语音标注　　　　C. 姿态标注　　　　D. 文本标注

3. （　　）不属于无监督学习任务。

A. 聚类　　　　　　B. 降维　　　　　　C. 关联分析　　　　D. 分类

4. （　　）不属于有监督学习任务。

A. 回归分析　　　　B. SVM　　　　　　C. 关联分析　　　　D. 决策树

5. 决策树包含一个（　　）节点。

A. 根　　　　　　　B. 内部　　　　　　C. 叶　　　　　　　D. 外部

6. 决策树构造时，特征选择的准则不包括（　　）。

A. 信息增益　　　　B. 熵　　　　　　　C. 信息增益比　　　D. 基尼指数

7. 熵可以表示样本集合的不确定性，熵越大，样本的不确定性就越大。（　　）是熵的表达式。

A. $H(X) = P\log_2 P$

B. $H(X) = -\sum_{i=1}^{n} p_i \log_2 p_i$

C. $H(X) = \sum_{i=1}^{n} p_i \log_2 p_i$

D. $H(X) = -P\log_2 P$

8. 过拟合是指（　　）。

A. 在训练集表现非常好，但在测试集上表现很差

B. 在训练集表现非常好，但在测试集上表现也非常好

C. 在训练集表现非常差，但在测试集上表现也差

D. 在训练集表现非常差，但在测试集上表现非常好

9. 欠拟合是指（　　）。

A. 在训练集表现非常好，但在测试集上表现很差

B. 在训练集表现非常好，但在测试集上表现也非常好

C. 在训练集表现非常差，但在测试集上表现也差

D. 在训练集表现非常差，但在测试集上表现非常好

10. 支持向量机的英文缩写是（　　）。

A. PCA　　　　　　B. CRF　　　　　　C. HMM　　　　　　D. SVM

11. 主成分分析的英文缩写是（　　）。

A. PCA　　　　　　　B. CRF　　　　　　　C. HMM　　　　　　D. SVM

12. 隐马尔科夫模型的英文缩写是（　　）。

A. PCA　　　　　　　B. CRF　　　　　　　C. HMM　　　　　　D. SVM

13. 条件随机场的英文缩写是（　　）。

A. PCA　　　　　　　B. CRF　　　　　　　C. HMM　　　　　　D. SVM

14. 在SVM中，分类面方程为（　　）。

A. $w \cdot x + b = 0$　　　　　　　　　　B. $w \cdot x + b = 1$

C. $w \cdot x + b = -1$　　　　　　　　　D. $w \cdot x + b = 2$

15. 基于图论的聚类方法是（　　）。

A. K-means聚类　　　B. 谱聚类　　　　　C. 层次聚类　　　　D. 模糊聚类

三、判断题

1. 在训练数据集上模型执行得很好，说明是个好模型。　　　　　　　　　（　　）

2. 在验证数据集上模型执行得很好，说明是个好模型。　　　　　　　　　（　　）

3. 在测试数据集上模型执行得很好，说明是个好模型。　　　　　　　　　（　　）

4. 通常期望学习模型具有较强的泛化能力。　　　　　　　　　　　　　　（　　）

5. 机器学习是人工智能的核心，是使计算机具有智能的根本途径。　　　　（　　）

6. 机器学习主要使用演绎，而不是归纳、综合。　　　　　　　　　　　　（　　）

7. 人工智能属于机器学习的一个分支。　　　　　　　　　　　　　　　　（　　）

8. 机器学习至今还没有统一的定义。　　　　　　　　　　　　　　　　　（　　）

9. 训练集、验证集和测试集划分比例都采用70/15/15。　　　　　　　　　（　　）

10. 数据标注的质量影响学习的效果。　　　　　　　　　　　　　　　　　（　　）

11. 数据标注成本非常高。　　　　　　　　　　　　　　　　　　　　　　（　　）

12. 无监督学习的学习目标并不十分明确。　　　　　　　　　　　　　　　（　　）

13. 熵越小，样本的不确定性就越大。　　　　　　　　　　　　　　　　　（　　）

四、填空题

1. 学习过程就是构造逼近因变量y的（　　）h的过程。

2. 预测数据为连续型数值，一般称为（　　）。

3. 预测数据为类别型数据，并且类别已知，一般称为（　　）。

4. 决策树包含：一个根节点、若干内部节点和（　　）节点。

5. 决策树叶节点表示（　　）的结果。

6. 决策树从根节点到某一叶子节点的路径称为（　　）。

7. （　　）可以表示样本集合的不确定性。

8. K-means聚类有两个前提：一是已知（　　），二是只适用于连续性变量。

9. 根据（　　）理论，学习机器的实际风险由经验风险值和置信范围值两部分组成。

10. 最优分类面要求分类面不但能将两类正确分开，而且使分类间隔（　　）。

11. 过两类样本中离分类面最近的点且平行于最优分类面的超平面H_1、H_2上的训练样本点称作（　　）。

12. 降维后的数据一般保留了原始数据的（　　）的重要信息。

13. （　　）主要目的是学习或者算出一个矩阵变换W，其中W的大小是$D \times d$，其中

$d<D$，用这个矩阵与高维数据相乘得到低维数据。

14. CRF 主要用于（　　　）标注问题。

15. 个体学习器之间不存在强依赖关系，这样的集成称为（　　　）。

16. 个体学习器之间存在强依赖关系，这种集成称为（　　　）。

17. （　　　）算法在变量（列）的使用和数据（行）的使用上进行随机化，生成很多分类树，再汇总分类树的结果。

五、简答题

1. 简述学习过程。

2. 对比机器学习与人类学习。

3. 简述 EM 算法的基本思想。

4. 简述机器学习知识框架。

5. 何为 10 倍交叉验证。

6. 不同的人脸是怎么分辨的？

7. 简述回归分析分类。

8. 简述决策树基本思想。

9. 简述决策树构造过程。

10. 简述 K-means 聚类算法过程。

11. 为什么可以降维？

12. 简述集成学习基本思想。

第 12 章　感知单元——视觉和语音

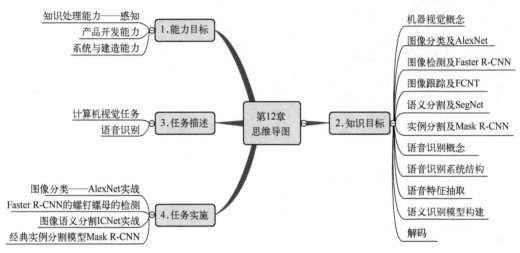

第 12 章思维导图

12.1　计算机视觉基础

　　人的大脑皮层的活动，大约 70% 是在处理视觉相关信息。视觉就相当于人脑的大门，其他如听觉、触觉、味觉等都是带宽较窄的通道。如果不能处理视觉信息，只能做符号推理，则人工智能没法进入现实世界。

1. 计算机视觉概念

　　计算机视觉是一门关于如何运用照相机和计算机来获取所需的、被拍摄对象的数据与信息的学问。形象地说，就是给计算机安装上眼睛（照相机）和大脑（算法），让计算机能够感知环境，是一门研究如何让机器"看"的科学。

2. 计算机视觉应用

　　研究计算机视觉已经衍生出了一大批快速成长的、有实际应用的场景，例如：

　　1）控制过程，如工业机器人。

　　2）导航，如自主汽车或移动机器人的视觉导航。

　　3）事件检测，如基于视频监控的人数统计。

　　4）组织信息，如对于图像和图像序列的索引数据库。

　　5）造型，如医学图像分析系统或地形模型。

　　6）人机交互。

7）识别，如制造业中的产品缺陷检测。

8）监测，如安防、电子警察。

深度学习的最新进展极大地推动了这些最先进的视觉识别系统的发展。

12.2　计算机视觉任务

12.2.1　图像分类

给定一组各自被标记为单一类别的图像，对一组新的测试图像的类别进行预测，并测量预测的准确性结果，这就是图像分类问题。

该算法并不是直接在代码中指定每个感兴趣的图像类别，而是为计算机每个图像类别都提供许多示例，然后设计一个学习算法，查看这些示例并学习每个类别的视觉外观。也就是说，首先积累一个带有标记图像的训练集，然后将其输入计算机中，由计算机来处理这些数据。因此，可以按照下面的步骤来分类图像：

1）输入由 N 个图像组成的训练集，共有 K 类别，每个图像都被标记为其中一个类别。

2）使用该训练集训练一个分类器，学习每个类别的外部特征。

3）预测一组新图像的类标签，评估分类器的性能，用分类器预测的类别标签与其真实的类别标签进行比较。

目前较为流行的图像分类架构是卷积神经网络（CNN）——将图像送入网络，然后网络对图像数据进行分类。比如输入一个大小为 100×100 的图像，此时不需要一个含有10 000个节点的网络层。相反，只需要创建一个大小为 10×10 的扫描输入层，扫描图像的前 10×10 个像素。然后，扫描仪向右移动一个像素（滑动窗口），再扫描下一个 10×10 的像素（见图 12-1）。

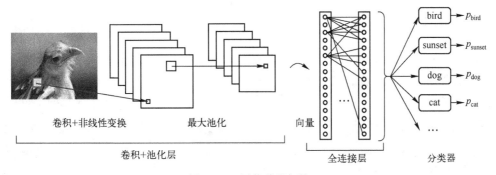

图 12-1　图像分类架构

输入数据被送入卷积层，而不是普通层。每个节点只需要处理离自己最近的邻近节点，卷积层也随着扫描的深入而趋于收缩。除了卷积层之外，通常还会有池化层。池化是过滤细节的一种方法，常见的池化技术是最大池化，它用大小为 2×2 的矩阵传递拥有最多特定属性的像素。

现在，大部分图像分类技术都是在 ImageNet 数据集上训练的。

第一届 ImageNet 竞赛的获奖者是 Alex Krizhevsky，他在 Yann LeCun 开创的神经网络类型基础上，设计了一个深度卷积神经网络。该网络架构除了包含一些最大池化层外，还包含7个隐藏层，前几层是卷积层，最后两层是全连接层。在每个隐藏层内，激活函数为线性的，要比逻辑单元的训练速度更快、性能更好（见图 12-2）。除此之外，当附近的单元有更强的活动时，它还使用竞争性标准化来压制隐藏活动，这有助于强度的变化。

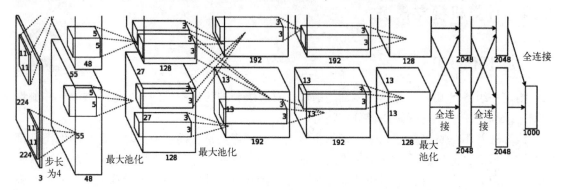

图 12-2　AlexNet 结构

就硬件要求而言，Alex 在两个 Nvidia GTX 580 GPU（速度超过 1000 个快速的小内核）上实现了非常高效的卷积网络。GPU 非常适合矩阵间的乘法且有非常高的内存带宽。这使他能在一周内完成训练，并在测试时快速地从 10 个块中组合出结果。如果能够以足够快的速度传输状态，那么就可以将网络分布在多个内核上。

项目 11. 图像分类——AlexNet

随着内核越来越便宜，数据集越来越大，已经有很多种使用卷积神经网络作为核心，并取得优秀成果的模型，如 ZFNet（2013 年）、GoogLeNet（2014 年）、VGGNet（2014 年）、RESNET（2015 年）及 DenseNet（2016年）等。

12.2.2　目标检测

识别图像中的目标这一任务，通常会涉及为各个对象输出边界框和标签，它不仅仅是对各主体对象进行分类和定位。在目标检测中，只有两个类别，即对象边界框和非对象边界框。例如，在汽车检测中，必须使用边界框检测所给定图像中的所有汽车（见图 12-3）。

图 12-3　目标检测任务

如果使用图像分类和定位图像这样的滑动窗口技术，则需要将卷积神经网络应用于图像上的很多不同物体上。由于卷积神经网络会将图像中的每个物体识别为对象或背景，因此需要在大量的位置和规模上使用卷积神经网络，但是这需要很大的计算量！

为了解决这一问题，神经网络研究人员使用区域（Region）这一概念，这样就会找到可能包含目标的"斑点"图像区域，运算速度就会大大提高。第一种模型是基于区域的卷积神经网络（R-CNN），其算法原理如下。

在 R-CNN 中（见图 12-4），首先使用选择性搜索算法扫描输入图像，寻找其中的可能目标，从而生成大约 2000 个候选区域。

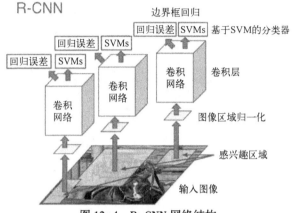

图 12-4　R-CNN 网络结构

然后，在这些候选区域上运行一个卷积神经网络。

最后，将每个卷积神经网络的输出传给支持向量机（SVM），使用一个线性回归收紧目标的边界框。

实质上，这里将目标检测转换为一个图像分类问题。但是也存在这些问题：训练速度慢，需要大量的磁盘空间，推理速度也很慢。

R-CNN 的第一个升级版本是 Fast R-CNN，通过使用了两次增强，提高了检测速度：

1）在给出候选区域之前进行特征提取，因此在整幅图像上只能运行一次卷积神经网络。

2）用一个 softmax 层代替支持向量机，对用于预测的神经网络进行扩展，而不是创建一个新的模型（见图 12-5）。

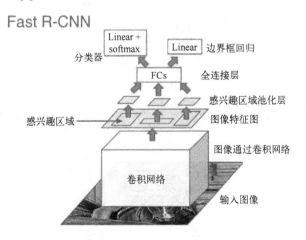

图 12-5　Fast R-CNN 网络结构

Fast R-CNN 的运行速度要比 R-CNN 快得多，因为在一幅图像上它只能训练一个 CNN。但是，选择性搜索算法仍然要花费大量时间来生成候选区域。

Faster R-CNN 是基于深度学习目标检测的一个典型案例（见图 12-6）。

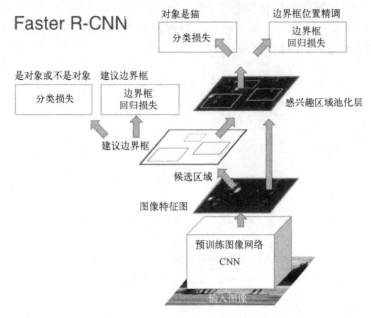

图 12-6　Faster R-CNN 网络结构

该算法用一个快速神经网络代替了运算速度很慢的选择性搜索算法：通过插入区域生成网络（RPN），来预测来自特征的区域。RPN 决定查看"哪里"，这样可以减少整个推理过程的计算量。

RPN 快速且高效地扫描每一个位置，来评估在给定的区域内是否需要做进一步处理，其实现方式如下：通过输出 k 个边界框建议，每个边界框建议都有两个值——代表每个位置包含目标和不包含目标的概率。

一旦有了这些候选区域，就直接将它们送入 Fast R-CNN。并且，还添加了一个池化层、一些全连接层、一个 softmax 分类层以及一个边界框回归器。

总之，Faster R-CNN 的速度和准确度更高。值得注意的是，虽然以后的模型在提高检测速度方面做了很多工作，但很少有模型能够大幅度地超越 Faster R-CNN。换句话说，Faster R-CNN 可能不是最简单或最快速的目标检测方法，但仍然是性能最好的方法之一。

近年来，主要的目标检测算法已经转向更快、更高效的检测系统。这种趋势在 You Only Look Once（YOLO）、Single Shot MultiBox Detector（SSD）和基于区域的全卷积网络（R-FCN）算法中尤为明显，这三种算法转向在整个图像上共享计算。因此，这三种算法和上述三种造价较高的 R-CNN 技术有所不同。

项目 12. 基于 Faster R-CNN 的螺钉螺母的检测

50

12.2.3　目标跟踪

目标跟踪，是指在特定场景跟踪某一个或多个特定感兴趣目标的过程（见图 12-7）。传统的应用就是视频和真实世界的交互，在检测到初始对象之后进行观察。现在，目标跟踪在无人驾驶领域也很重要，例如 Uber 和特斯拉等公司的无人驾驶。

图 12-7　目标跟踪场景

　　根据观察模型，目标跟踪算法可分成两类：生成算法和判别算法。

　　生成算法使用生成模型来描述表观特征，并将重建误差最小化来搜索目标，如主成分分析算法（PCA）。

　　判别算法用来区分物体和背景，其性能更稳健，并逐渐成为跟踪对象的主要手段（判别算法也称为 Tracking-by-Detection，深度学习也属于这一范畴）。

　　为了通过目标检测实现目标跟踪，需要检测所有帧的候选目标，并使用深度学习从候选对象中识别想要的目标。有两种可以使用的基本网络模型：堆叠自动编码器（SAE）和 CNN。

　　目前，最流行的使用 SAE 进行目标跟踪的网络是 Deep Learning Tracker（DLT），它使用了离线预训练和在线微调。其过程如下：

　　1）离线无监督预训练使用大规模自然图像数据集获得通用的目标对象表示，对堆叠去噪自动编码器进行预训练。堆叠去噪自动编码器在输入图像中添加噪声并重构原始图像，可以获得更强大的特征表述能力。

　　2）将预训练网络的编码部分与分类器合并得到分类网络，然后使用从初始帧中获得的正负样本对网络进行微调，来区分当前的对象和背景。DLT 使用粒子滤波作为意向模型，生成当前帧的候选块。分类网络输出这些块的概率值，即分类的置信度，然后选择置信度最高的块作为对象。

　　鉴于 CNN 在图像分类和目标检测方面的优势，它已成为计算机视觉和视觉跟踪的主流深度模型。一般来说，大规模的卷积神经网络既可以作为分类器也可以作为跟踪器来训练。具有代表性的基于卷积神经网络的跟踪算法有全卷积网络跟踪器（FCNT）和多域卷积神经网络（MD Net）。

　　FCNT 充分分析并利用了 VGG 模型中的特征映射，这是一种预先训练好的 ImageNet 数据集，并有如下效果：

　　1）卷积神经网络特征映射可用于定位和跟踪。

　　2）对于从背景中区分特定对象这一任务来说，很多卷积神经网络特征映射是噪声或不相关的。

　　3）较高层捕获对象类别的语义概念，而较低层编码更多地具有区分性的特征，来捕获类别内的变形。

因此，FCNT 设计了特征选择网络，在 VGG 网络的卷积 4-3 和卷积 5-3 层上选择最相关的特征映射。为避免噪声的过拟合，FCNT 还为这两个层的选择特征映射单独设计了两个额外的通道（即 SNet 和 GNet）：GNet 捕获目标的类别信息；SNet 将该目标从具有相似外观的背景中区分出来。

这两个网络的运作流程如下：都使用第一帧中给定的边界框进行初始化，以获取目标的映射。而对于新的帧，对其进行剪切并传输最后一帧中的感兴趣区域，该感兴趣区域是以目标为中心。最后，通过 SNet 和 GNet，分类器得到两个预测热映射，而跟踪器根据是否存在干扰信息，来决定使用哪张热映射生成的跟踪结果。FCNT 网络结构如图 12-8 所示。

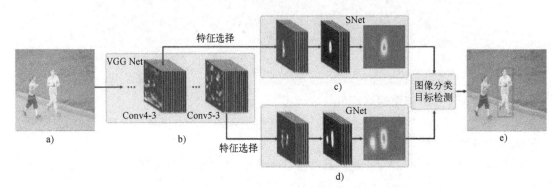

图 12-8　FCNT 网络结构

与 FCNT 的思路不同，MD Net 使用视频的所有序列来跟踪对象的移动。MD Net 网络使用不相关的图像数据来减少跟踪数据的训练需求，这种想法与跟踪目标有一些偏差。因此，MD Net 提出了"多域"这一概念，它能够在每个域中独立地区分对象和背景，而一个域表示一组包含相同类型目标的视频。

如图 12-9 所示，MD Net 可分为两个部分，即 K 个特定目标分支层和共享层：每个分支包含一个具有 softmax 损失的二进制分类层，用于区分每个域中的目标和背景；共享层与所有域共享，以保证通用表示（见图 12-9）。

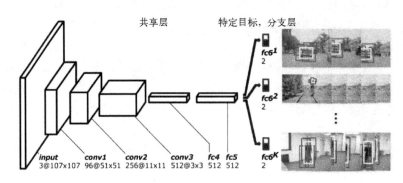

图 12-9　MD Net 网络结构

近年来，深度学习研究人员尝试使用了不同的方法来适应目标跟踪任务。

1）应用到诸如循环神经网络（RNN）和深度信念网络（DBN）等其他网络模型。

2）设计网络结构来适应视频处理和端到端学习，优化流程、结构和参数。

3）将深度学习与传统的计算机视觉或其他领域的方法（如语言处理和语音识别）相结合。

12.2.4　语义分割

计算机视觉的核心是分割，它将整个图像分成一个个像素组，然后对其进行标记和分类。特别地，语义分割试图在语义上理解图像中每个像素的角色（比如，识别它是汽车、摩托车还是其他的类别）。除了识别人、道路、汽车、树木等之外，还必须确定每个物体的边界。因此，与分类不同，需要用模型对密集的像素进行预测（见图 12-10）。

图 12-10　语义分割场景

与其他计算机视觉任务一样，卷积神经网络在语义分割任务上取得了巨大成功。最流行的原始方法之一是通过滑动窗口进行块分类，利用每个像素周围的图像块，对每个像素分别进行分类。但是其计算效率非常低，因为不能在重叠块之间重用共享特征。

全卷积网络（FCN）是端到端的卷积神经网络体系结构，在没有任何全连接层的情况下进行密集预测（见图 12-11）。

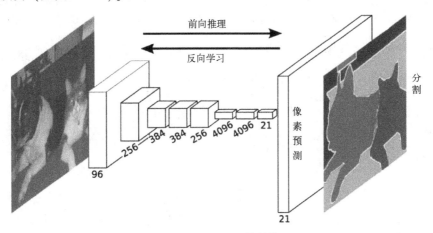

图 12-11　FCN 网络结构

这种方法允许针对任何尺寸的图像生成分割映射，并且比块分类算法快得多，几乎后续所有的语义分割算法都采用了这种范式。

但是，这也仍然存在一个问题：在原始图像分辨率上进行卷积运算非常昂贵。为了解决这个问题，FCN 在网络内部使用了下采样和上采样：下采样层被称为条纹卷积（Striped Convolution）；而上采样层被称为反卷积（Transposed Convolution）。

　　尽管采用了上采样和下采样层，但由于池化期间的信息丢失，FCN 会生成比较粗糙的分割映射。SegNet 是一种比FCN（使用最大池化和编码解码框架）更高效的内存架构。在 SegNet 解码技术中，从更高分辨率的特征映射中引入了shortcut/skip connections，以改善上采样和下采样后的粗糙分割映射（见图 12-12）。

项目 13. 基于PaddlePaddle 的图像语义分割 ICNet 实现

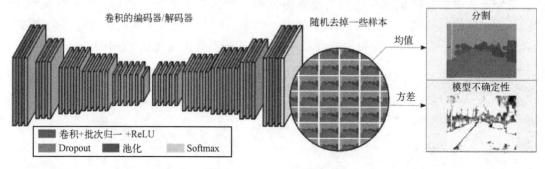

图 12-12　SegNet 网络结构

　　目前的语义分割模型，如空洞卷积（Dilated Convolutions）、DeepLab 和 RefineNet 等都依赖于完全卷积网络。

12.2.5　实例分割

　　除了语义分割之外，实例分割将不同类型的实例进行分类，比如用 5 种不同颜色来标记5 辆汽车。分类任务通常来说就是识别出包含单个对象的图像是什么，但在分割实例时，需要执行更复杂的任务。对于有多个重叠物体和不同背景的复杂景象，不仅需要将这些不同的目标进行分类，而且还要确定目标的边界、差异和彼此之间的关系（见图 12-13）。

图 12-13　实例分割场景

　　前面已经讲述了如何以多种有趣的方式使用卷积神经网络的特征，通过边界框有效定位图像中的不同目标。可以将这种技术进行扩展吗？也就是说，对每个对象的精确像素进行定位，而不仅仅是用边界框进行定位？Facebook AI 则使用了 Mask R-CNN 架构对实例分割问题进行了探索。

　　Mask R-CNN（见图 12-14）通过向 Faster R-CNN 添加一个分支来进行像素级分割，该分支输出一个二进制掩码，该掩码表示给定像素是否为目标对象的一部分；该分支是基于卷积神经网络特征映射的全卷积网络。将给定的卷积神经网络特征映射作为输入，输出为一个矩阵，其中像素属于该对象的所有位置用 1 表示，其他位置则用 0 表示，这就是二进制掩码。

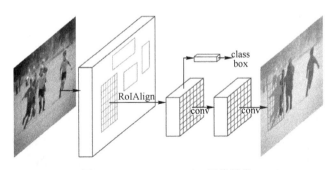

图 12-14 Mask R-CNN 网络结构

另外，当在原始 Faster R-CNN 架构上运行且没有做任何修改时，感兴趣池化区域（RoIPool）选择的特征映射区域或原始图像的区域稍微错开。由于图像分割具有像素级特性，这与边界框不同，自然会导致结果不准确。Mas R-CNN 通过调整 RoIPool 来解决这个问题，使用感兴趣区域对齐（RoIAlign）方法使其变得更精确。本质上，RoIAlign 使用双线性插值来避免舍入误差，这会导致目标检测和语义分割不准确。

一旦生成这些掩码，Mask R-CNN 将 RoIAlign 与来自 Faster R-CNN 的分类和边界框相结合，以便进行精确的分割。

项目 14. 经典实例分割模型 Mask R-CNN

12.3 语音识别

12.3.1 语音识别基础

1. 什么是语音识别？

语音识别（Automatic Speech Recognition，ASR）指利用计算机实现从语音到文字自动转换的任务。

2. 语音识别的技术有哪些？

语音识别技术＝早期基于信号处理和模式识别+机器学习+深度学习+数值分析+高性能计算+自然语言处理。

语音识别技术的发展可以说是有一定的历史背景。20 世纪 80 年代，语音识别研究的重点已经开始逐渐转向大词汇量、非特定人连续语音识别。到了 20 世纪 90 年代以后，语音识别并没有什么重大突破，直到大数据与深度神经网络时代的到来，语音识别技术才取得了突飞猛进的进展。

3. 语音识别的相关领域有哪些？

语音识别关联领域有自然语言理解、自然语言生成及语音合成。

4. 语音识别的社会价值在哪里？

语音信号是典型的局部稳态时间序列，而日常所见的大量信号都属于这种局部稳态时间序列信号，如视频、雷达信号、金融资产价格及经济数据等。这些信号的共同特点是在抽象的时间序列中包含大量不同层次的信息，可以用相似的模型进行分析。

历史上，语音信号的研究成果在若干领域起到启发作用，如语音信号处理中的隐马尔可夫模型在金融分析、机械控制等领域都得到广泛的应用。近年来，深度神经网络在语音识别领域的巨大成功直接促进了各种深度学习模型在自然语言处理、图形图像处理及知识推理等众多领域的发展应用，取得了一个又一个令人惊叹的成果。

12.3.2　语音识别系统

1. 语音识别系统结构

语音识别系统构建总体包括两个部分：训练和识别，如图 12-15 所示。

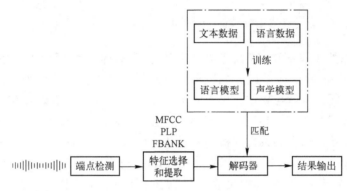

图 12-15　语音识别系统结构

训练通常来讲都是离线完成的，将海量的未知语音通过传声器变成信号之后加在识别系统的输入端，经过处理后再根据语音特点建立模型，对输入的信号进行分析，并提取信号中的特征，在此基础上建立语音识别所需的模板。

识别则通常是在线完成的，对用户实时语音进行自动识别。这个过程又基本可以分为"前端"和"后端"两个模块。前端主要的作用是进行端点检测、降噪及特征提取等。后端的主要作用是利用训练好的"声音模型"和"语音模型"对用户的语音特征向量进行统计模式识别，得到其中包含的文字信息。

2. 语音识别技术中的关键问题

（1）语音特征抽取

语音识别的一个主要困难在于语音信号的复杂性和多变性。一段看似简单的语音信号，其中包含了说话人、发音内容、信道特征及口音方言等大量信息。不仅如此，这些底层信息互相组合在一起，又表达了如情绪变化、语法语义及暗示内涵等丰富的高层信息。如此众多的信息中，仅有少量是和语音识别相关的，这些信息被淹没在大量其他信息中，因此充满了变动性。语音特征抽取即是在原始语音信号中提取出与语音识别最相关的信息，滤除其他无关信息。

语音特征抽取的原则是，尽量保留对发音内容的区分性，同时提高对其他信息变量的鲁棒性。历史上研究者通过各种物理学、生理学及心理学等模型构造出各种精巧的语音特征抽取方法，近年来的研究倾向于通过数据驱动学习适合某一应用场景的语音特征。

（2）模型构建

语音识别中的建模包括声学建模和语言建模。声学建模是对声音信号（语音特征）的特性进行抽象化。自 20 世纪 70 年代中期以来，声学模型基本上以统计模型为主，特别是隐马尔可夫模型/高斯混合模型（HMM/GMM）结构。最近几年，深度神经网络和各种异构神经网络成为声学模型的主流结构。

语言建模是对语言中的词语搭配关系进行归纳，抽象成概率模型。这一模型在解码过程中对解码空间形成约束，不仅可以减小计算量，而且可以提高解码精度。传统语言模型多基于 N 元文法（n-gram），近年来基于递归神经网络（RNN）的语言模型发展很快，在某些识别任务中取得了比 n-gram 模型更好的结果。

语言模型要解决的主要问题是如何对低频词进行平滑。不论是 n-gram 模型还是 RNN 模型，低频词很难积累足够的统计量，因而无法得到较好的概率估计。平滑方法借用高频词或相似词的统计量，来提高对低频词概率估计的准确性。

（3）解码

解码是利用语音模型和语言模型中积累的知识，对语音信号序列进行推理，从而得到相应语音内容的过程。早期的解码器一般为动态解码，即在开始解码前，将各种知识源以独立模块形式加载到内存中，动态构造解码图。现代语音识别系统多采用静态解码，即将各种知识源统一表达成有限状态转移机（FST），并将各层次的 FST 嵌套组合在一起，形成解码图。解码时，一般采用 Viterbi 算法在解码图中进行路径搜索。为加快搜索速度，一般对搜索路径进行剪枝，保留最有希望的路径，即束搜索（Beam Search）。

习题 12

一、选择题

1. 计算机视觉可理解为（　　　）。

A. 图像获取　　　　B. 图像预处理　　　　C. 图像特征提取　　　　D. 运用图像

2. （　　　）是根据各自在图像信息中所反映的不同特征，把不同类别的目标区分开来的图像处理方法。

A. 图像分类　　　　B. 图像处理　　　　C. 图像清洗　　　　D. 语义分割

3. 语音识别系统构建总体包括两个部分：（　　　）和（　　　）。

A. 训练、翻译　　　B. 识别、训练　　　C. 训练、内容　　　D. 收入、转换

4. 语音识别中的建模包括（　　　）和语言建模。

A. 图像建模　　　　B. 文字建模　　　　C. 声学建模　　　　D. 视频建模

二、判断题

1. 图像分类是一个非常大的研究领域，包括各种各样的技术，随着深度学习的普及，它还在继续发展。　　　　　　　　　　　　　　　　　　　　　　　　　　　　（　　　）

2. 通常，图像数据是在形式显微镜图像、X 射线图像、血管造影图像、超声图像和断层图像的信息。　　　　　　　　　　　　　　　　　　　　　　　　　　　　　　（　　　）

3. 为了理解图像的内容，不需要应用图像分类。　　　　　　　　　　　　（　　　）

4. 图像分类的核心是从给定的分类集合中给图像分配一个标签的任务。　（　　　）

5. 在图像处理过程中，有时会需要对图像进行定位来提取有价值的用于后继处理的部分。

（　　）

三、填空题

1. 计算机视觉既是（　　），也是（　　）中的一个富有挑战性的重要研究领域。

2. 计算机视觉是人工智能正在快速发展的一个（　　）。

3. （　　）的最新进展极大地推动了这些最先进的视觉识别系统的发展。

四、简答题

1. 语音识别的技术有哪些？

2. 请简述表达语音识别技术中的关键问题。

第 13 章　理解单元——自然语言处理

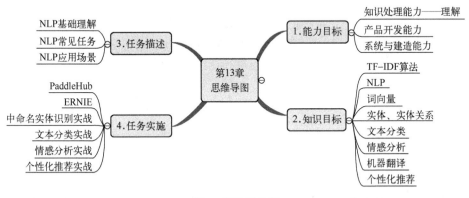

第 13 章思维导图

13.1　自然语言处理基础

语言是人类区别于其他动物的本质特性。在所有生物中，只有人类才具有语言能力。人类的多种智能都与语言有着密切的关系。人类的逻辑思维以语言为形式，人类的绝大部分知识也是以语言文字的形式记载和流传下来的。因而，自然语言处理（Natural Language Processing，NLP）也是人工智能的一个重要，甚至核心的部分。NLP 是一门融语言学、语音学、计算机科学及数学于一体的科学。

用自然语言与计算机进行通信，这是人们长期以来所追求的。因为它既有明显的实际意义，同时也有重要的理论意义：人们可以用自己最习惯的语言来使用计算机，而无须再花大量的时间和精力去学习很不自然和习惯的各种计算机语言；人们也可通过它进一步了解人类的语言能力和智能的机制。

实现人机间自然语言通信意味着要使计算机既能理解自然语言文本的意义，也能以自然语言文本来表达给定的意图、思想等。前者称为自然语言理解（Natural Language Understanding，NLU），后者称为自然语言生成（Natural Language Generation，NLG）。因此，自然语言处理大体包括了自然语言理解和自然语言生成两个部分（见图 13-1）。历史上对自然语言理解研究得较多，而对自然语言生成研究得较少，但这种状况已有所改变。

1. 什么是自然语言处理？

自然语言处理（NLP）是指机器理解并解释人类写作、说话方式的能力。NLP 的目标是让计算机/机器在理解语言上像人类一样智能。最终目标是弥补人类交流（自然语言）和

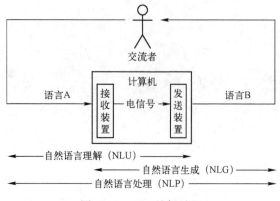

图 13-1　NLP 认知过程

计算机理解（机器语言）之间的差距。

2. NLP 认知过程

（1）自然语言理解（NLU）

NLU 是要理解给定文本的含义。文本内每个单词的特性与结构需要被理解。接下来，通过使用词汇和语法规则，理解每个单词的含义。

（2）自然语言生成（NLG）

NLG 是从结构化数据中以可读的方式自动生成文本的过程。难以处理是自然语言生成的主要问题。自然语言生成可被分为三个阶段。

1）文本规划：完成结构化数据中基础内容的规划。

2）语句规划：从结构化数据中组合语句，来表达信息流。

3）实现：产生语法通顺的语句来表达文本。

3. NLP 三个层次

1）句法学：给定文本的哪部分是语法正确的？

2）语义学：给定文本的含义是什么？

3）语用学：文本的目的是什么？

13.2　TF-IDF 算法

TF-IDF（Term Frequency-Inverse Document Frequency）是一种用于信息检索与数据挖掘的常用加权技术。TF 意思是词频（Term Frequency），IDF 意思是逆文本频率指数（Inverse Document Frequency），TF-IDF 用以评估一字词对于一个文件集或一个语料库中的其中一份文件的重要程度。字词的重要性随着它在文件中出现的次数成正比增加，但同时会随着它在语料库中出现的频率成反比下降。

TF-IDF 的主要思想是，如果某个词或短语在一篇文章中出现的频率 TF 高，但是在其他文章中很少出现，则认为此词或者短语具有很好的类别区分能力，适合用来分类。

$$tf_{i,j} = \frac{n_{i,j}}{\sum_k n_{k,j}}$$

式中，分子是该词在文件中的出现次数，而分母则是在文件中所有字词的出现次数之和。

$$idf_i = \lg \frac{|D|}{|\{j : t_i \in d_j\}|}$$

其中，$|D|$ 为语料库中的文件总数。

某一特定文件内的高词语频率，以及该词语在整个文件集合中的低文件频率，可以产生出高权重的 TF-IDF。因此，TF-IDF 倾向于过滤掉常见的词语，保留重要的词语。

$$tfidf_{i,j} = tf_{i,j} \times idf_i$$

假定该文长度为 1000 个词，"中国""蜜蜂""养殖"各出现 20 次，则这三个词的"词频"（TF）都为 0.02。然后，通过 Google 搜索发现，包含"的"字的网页共有 250 亿张，假定这就是中文网页总数。包含"中国"的网页共有 62.3 亿张，包含"蜜蜂"的网页为 0.484 亿张，包含"养殖"的网页为 0.973 亿张。则它们的逆文档频率（IDF）和 TF-IDF 见表 13-1。

表 13-1 TF-IDF 计算过程

搜索词	包含该词的文档数（亿）	IDF	TF-IDF
中国	62.3	0.603	0.0121
蜜蜂	0.484	2.713	0.0543
养殖	0.973	2.410	0.0482

从表 13-1 可见，"蜜蜂"的 TF-IDF 值最高，"养殖"其次，"中国"最低。（如果还计算"的"字的 TF-IDF，那将是一个极其接近 0 的值。）所以，如果只选择一个词，"蜜蜂"就是这篇文章的关键词。

除了自动提取关键词，TF-IDF 算法还可以用于许多其他地方。比如，信息检索时，对于每个文档，都可以分别计算一组搜索词（"中国""蜜蜂""养殖"）的 TF-IDF，将它们相加，就可以得到整个文档的 TF-IDF。这个值最高的文档就是与搜索词最相关的文档。

TF-IDF 算法的优点是简单快速，结果比较符合实际情况。缺点是，单纯以"词频"衡量一个词的重要性，不够全面，有时重要的词可能出现次数并不多。而且，这种算法无法体现词的位置信息，出现位置靠前的词与出现位置靠后的词，都被视为重要性相同，这是不正确的。一种解决方法是，对全文的第一段和每一段的第一句话，给予较大的权重。

13.3 NLP 常见任务

1. 分词

中文可以分为字、词、短语、句子、段落及文档这几个层面，如果要表达一个意思，很多时候通过一个字是无法表达一个含义的，至少一个词才能更好地表达一个含义，所以一般情况是以"词"为基本单位，用"词"组合来表示"短语、句子、段落、文档"，至于计算机的输入是短语或句子或段落还是文档就要看具体的场景。由于中文不像英文那样词与词之间用空格隔开，计算机无法区分一个文本有哪些词，所以要进行分词。目前分词常用的方法有两种。

1）基于规则：Heuristic（启发式）、关键字表。

2）基于机器学习/统计方法：HMM（隐马尔可夫模型）、CRF（条件随机场）。

现在分词这项技术非常成熟了，分词的准确率已经达到了可用的程度，也有很多第三方的库可供使用，比如 jieba，所以一般在实际运用中会采用"jieba+自定义词典"的方式进行分词。

2. 词编码

现在把"我喜欢你"这个文本通过分词分成"我""喜欢""你"三个词，此时把这三词作为计算机的输入，计算机是无法理解的，所以要把这些词转换成计算机能理解的方式，即词编码。现在普遍是将词表示为词向量，来作为机器学习的输入和表示空间。目前有两种表示空间。

项目 15. 中文分词

（1）离散式表示

1）One-hot 表示。

假设语料库为

我喜欢你你对我有感觉吗

词典 {"我"：1，"喜欢"：2，"你"：3，"对"：4，"有"：5，"感觉"：6，"吗"：7}，一共有七个维度。

所以用 One-hot 表示为

"我"：$[1,0,0,0,0,0,0]$

"喜欢"：$[0,1,0,0,0,0,0]$

⋮

"吗"：$[0,0,0,0,0,0,1]$

即一个词用一个维度表示。

2）Bag of word：即将所有词的向量直接加和作为一个文档的向量。

所以"我喜欢你"就表示为"$[1,1,1,0,0,0,0]$"。

3）Bi-gram 和 N-gram（语言模型）：考虑了词的顺序，用词组合表示一个词向量。

这三种方式背后的思想是，不同的词都代表着不同的维度，即一个"单位"（词或词组合等）为一个维度。

56

（2）分布式表示

word2vec，表示一个共现矩阵向量。其背后的思想是"一个词可以用其附近的词来表示"。

离散式或分布式的表示空间都有它们各自的优缺点，感兴趣的读者可以自行查资料了解，在这里不阐述了。这里有一个问题，当语料库越大时，包含的词就越多，那么词向量的维度就越大，这样在空间存储和计算量都会指数增大，所以工程师在处理词向量时，一般都会进行降维，降维就意味着部分信息会丢失，从而影响最终的效果，所以作为产品经理，跟进项目开发时，也需要了解工程师降维的合理性。

3. 自动文摘

自动文摘是指在原始文本中自动摘要出关键的文本或知识。为什么需要自动文摘？有两个主要的原因。

项目 16. NLP 入门：词向量

1）信息过载，需要在大量的文本中抽出最有用、最有价值的文本。

2）人工摘要的成本非常高。目前自动文摘有两种解决思路。

第一种是 Extractive（抽取式），从原始文本中找到一些关键的句子，组成一篇摘要。

第二种是 Abstractive（摘要式），计算机先理解原始文本的内容，再用自己的意思将其表达出来。

自动文摘技术目前在新闻领域运用的最广，在信息过载的时代，用该技术帮助用户用最短的时间了解最多、最有价值的新闻。此外，如何在非结构的数据中提取结构化的知识也将是问答机器人的一大方向。

4. 实体及实体关系识别

实体识别是指在一个文本中，识别出具体特定类别的实体，例如人名、地名、数值及专有名词等。它在信息检索、自动问答及知识图谱等领域运用的比较多。实体识别的目的就是告诉计算机这个词是属于某类实体，有助于识别出用户意图。

比如百度的知识图谱："***多大了"识别出的实体是"***"（明星实体），关系是"年龄"，搜索系统可以知道用户提问的是某个明星的年龄，然后结合数据"***出生时间**年*月*日"以及当前日期来推算出***的年龄，并直接把这个结果显示给用户，而不是显示候选答案的链接。

项目 17. 中文命名实体识别

5. 文本分类

文本分类是自然语言处理的一个基本任务，其试图推断出给定的文本（句子、文档等）的标签或标签集合，应用非常广泛，比如垃圾过滤、新闻分类及词性标注等。

此外，NLP 常见的任务还有主题识别、文本生成、关键字提取及文本相似度等。

项目 18. 如何使用 PaddleHub 提供的 ERNIE 进行文本分类

13.4 NLP 应用场景

13.4.1 聊天机器人

聊天机器人或自动智能代理指能通过聊天 APP、聊天窗口或语音唤醒 APP 进行交流的计算机程序；也有被用来解决客户问题的智能数字化助手，其特点是成本低、高效且持续工作。

1. 聊天机器人的重要性

聊天机器人对理解数字化客服和频繁咨询的常规问答领域中的变化至关重要，特别是会被频繁问到高度可预测的问题时。

2. 聊天机器人的工作机制

聊天机器人的工作机制如图 13-2 所示。

基于知识：包含信息库，根据客户的问题回应信息。

数据存储：包含与用户交流的历史信息。

NLP 层：它将用户的问题（任何形式）转译为信息，从而作为合适的回应。

应用层：指用来与用户交互的应用接口。

聊天机器人每次与用户交流时都能进行学习，并使用机器学习来回应信息库中的信息。

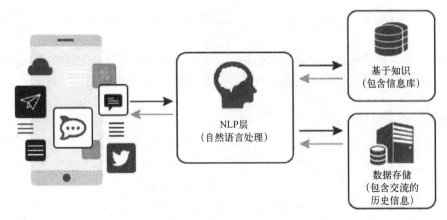

图 13-2　聊天机器人工作原理

13.4.2　机器翻译

打破语言界限，用自动翻译工具帮助人类进行跨民族、跨语种、跨文化交流，这是人类自古以来就一直追寻的伟大梦想。机器翻译属于自然语言信息处理的一个分支，是能够将一种自然语言自动生成另一种自然语言又无须人类帮助的计算机系统。目前，谷歌翻译、百度翻译及搜狗翻译等人工智能行业巨头推出的翻译平台逐渐凭借其翻译过程的高效性和准确性占据了翻译行业的主导地位。

1. 机器翻译面临挑战

在图 13-3 中，用 Source 标记源语言，用 Target 标记目标语言。

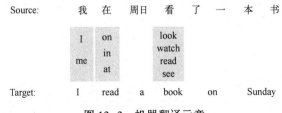

图 13-3　机器翻译示意

机器翻译是人工智能的终极目标之一，面临如下挑战：

挑战一，译文选择。在翻译一个句子的时候，会面临很多选词的问题，因为语言中一词多义的现象比较普遍。比如图 13-3 中，源语言句子中的"看"，可以翻译成"look""watch""read"和"see"等词，如果不考虑后面的宾语"书"，则这几个译文都对。在这个句子中，只有机器翻译系统知道"看"的宾语"书"，才能做出正确的译文选择，把"看"翻译为"read"，即"read a book"。

挑战二，词语顺序的调整。由于文化及语言发展上的差异，在表述的时候，有时候先说这样一个成分，后面说另外一个成分，但是，在另外一种语言中，这些语言成分的顺序可能是完全相反的。比如在这个例子中，"在周日"这样一个时间状语在英语中习惯上放在句子后面。再比如，像中文和日文的翻译，中文的句法是"主谓宾"，而日文的句法是"主宾谓"，日文把动词放在句子最后。比如中文说"我吃饭"，那么日语就会说"我饭吃"。当句子变长时，语序调整会更加复杂。

2. 机器翻译发展历程

图 13-4 展示了机器翻译发展历程。

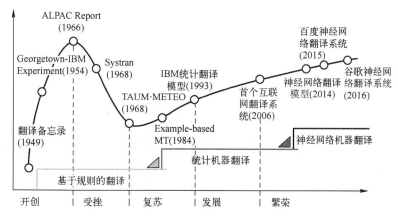

图 13-4　机器翻译发展历程

基于规则的翻译，翻译知识来自人类专家。找人类语言学家来写规则，将一个词翻译成另外一个词，词在句子中出现的位置等，都用规则表示出来。这种方法的优点是直接用语言学专家知识，准确率非常高。缺点是成本很高，比如要开发中文和英文的翻译系统，需要找同时会中文和英文的语言学家；要开发另外一种语言的翻译系统，就要再找另外一种语言的语言学家。因此，基于规则的系统开发周期很长，成本很高。

此外，还面临规则冲突的问题。随着规则数量的增多，规则之间互相制约和影响。有时为了解决一个问题而写的一个规则，可能会引起其他句子的翻译带来一系列问题。而为了解决这一系列问题，不得不引入更多的规则，这样就形成恶性循环。

大约 20 世纪 90 年代出现了基于统计的方法，称之为统计机器翻译。统计机器翻译系统对机器翻译进行了一个数学建模，可以在大数据的基础上进行训练。

基于统计的方法成本是非常低的，因为这种方法是语言无关的。一旦这个模型建立起来以后，对所有的语言都可以适用。统计机器翻译是一种基于语料库的方法，所以如果是在数据量比较少的情况下，就会面临一个数据稀疏的问题。同时，也面临另外一个问题，其翻译知识来自大数据的自动训练，那么如何加入专家知识？这也是目前机器翻译方法所面临的一个比较大挑战。

神经网络翻译近年来迅速崛起。相比统计机器翻译而言，神经网络翻译从模型上来说相对简单，它主要包含两个部分，一个是编码器，另一个是解码器。编码器是把源语言经过一系列的神经网络变换之后，表示成一个高维的向量。解码器负责把这个高维向量再重新解码（翻译）成目标语言。

随着深度学习技术的发展，大约从 2014 年神经网络翻译方法开始兴起，2015 年百度发布了全球首个互联网神经网络翻译系统。短短三四年的时间，神经网络翻译系统在大部分的语言上已经超过了基于统计的方法。

项目 19. 机器翻译

13.4.3　垃圾邮件过滤

当前，垃圾邮件过滤器已成为抵御垃圾邮件问题的第一道防线。不过，有许多人在使用电子邮件时遇到过这些问题：不需要的电子邮件仍然被接收，或者重要的电子邮件被过滤掉。事实上，判断一封邮件是否是垃圾邮件，首先用到的方法是"关键词过滤"，如果邮件存在常见的垃圾邮件关键词，就判定为垃圾邮件。但这种方法效果很不理想，一是正常邮件中也可能有这些关键词，非常容易误判；二是将关键词进行变形，就很容易规避关键词过滤。

自然语言处理通过分析邮件中的文本内容，能够相对准确地判断邮件是否为垃圾邮件。目前，贝叶斯（Bayesian）垃圾邮件过滤是备受关注的技术之一，它通过学习大量的垃圾邮件和非垃圾邮件，收集邮件中的特征词生成垃圾词库和非垃圾词库，然后根据这些词库的统计频数计算邮件属于垃圾邮件的概率，以此来进行判定。

13.4.4　信息提取

信息提取（Information Extraction，IE）的目标是将文本信息转化为结构化信息，起初用于定位自然语言文档中的特定信息，属于自然语言处理的一个子领域。

随着网页文本信息的急剧增长，越来越多的人投入信息提取（IE）领域的研究。

网页文本信息的非结构化特征和无序性，一般只能采用全文检索的方式查找。但是网页中充斥着大量的无关信息，比如广告和无关链接以及其他内容，有用信息和无用信息混杂在一起，给网页信息的检索问题带来极大的困难。

13.4.5　文本情感分析

文本情感分析，又称意见挖掘、倾向性分析等。简单而言，文本情感分析是对带有情感色彩的主观性文本进行分析、处理、归纳和推理的过程。互联网（如博客和论坛以及社会服务网络如大众点评）上产生了大量的用户参与的，对于诸如人物、事件、产品等有价值的评论信息。这些评论信息表达了人们的各种情感色彩和情感倾向性如喜、怒、哀、乐和批评、赞扬等。基于此潜在的用户就可以通过浏览这些主观色彩的评论来了解大众舆论对于某一事件或产品的看法。

项目 20.　情感分析

13.4.6　自动问答

随着互联网的快速发展，网络信息量不断增加，人们需要获取更加精确的信息。传统的搜索引擎技术已经不能满足人们越来越高的需求，而自动问答技术成为解决这一问题的有效手段。自动问答是指利用计算机自动回答用户所提出的问题以满足用户知识需求的任务，在回答用户问题时，首先要正确理解用户所提出的问题，抽取其中关键的信息，在已有的语料库或者知识库中进行检索、匹配，将获取的答案反馈给用户。

2011年，在综艺竞答类节目"危险边缘"中，IBM的沃森系统与真人一起抢答竞猜（见图13-5），虽然沃森的语言理解能力也闹出了一些小笑话，但凭借其强大的知识库仍然最后战胜了两位人类冠军而获胜。

图 13-5　沃森系统与真人一起抢答竞猜

13.4.7　个性化推荐

自然语言处理可以依据大数据和历史行为记录，学习出用户的兴趣爱好，预测出用户对给定物品的评分或偏好，实现对用户意图的精准理解，同时对语言进行匹配计算，实现精准匹配。例如，在新闻服务领域，通过用户阅读的内容、时长、评论等偏好，以及社交网络甚至是所使用的移动设备型号等，综合分析用户所关注的信息源及核心词汇，进行专业的细化分析，从而进行新闻推送，实现新闻的个人定制服务，最终提升用户黏性。

项目 21. 推荐算法 gru4rec 之 PaddlePaddle 实现

习题 13

一、名词解释

1. 自然语言理解　　　2. 自然语言生成　　　3. 文本分类

二、单选题

1. 自然语言处理（NLP）是指机器理解并解释人类（　　）方式的能力。

A. 写作、说话　　　B. 写作、行为　　　C. 行为、思想　　　D. 写作、思想

2. Bag of word 是将所有词的（　　）直接加和作为一个文档的（　　）。

A. 意思　　　　　　B. 内容　　　　　　C. 向量　　　　　　D. 长度

3. word2vec 属于（　　）编码。

A. one-hot　　　　　B. 分布式表示　　　C. Bag of word　　　D. 离散式表示

4. （　　）不属于 NLP 应用场景。

A. 机器翻译　　　　B. 自动问答　　　　C. 自动文摘　　　　D. 个性化推荐

5. 沃森系统属于（　　）应用场景。

A. 机器翻译　　　　B. 自动问答　　　　C. 聊天机器人　　　D. 个性化推荐

6. jieba 是用于（　　）的工具。

A. 个性化推荐　　　B. 自动文摘　　　　C. 机器翻译　　　　D. 分词

7. （　　）不属于词向量。

A. One-hot　　　　　B. word2vec　　　　C. Bag of word　　　D. jieba

三、填空题

1. 在 TF-IDF 算法中，TF 指（   ），IDF 指（   ）。

2. 信息提取的目的是将文本信息转换为（   ）信息。

3. 相比统计机器翻译而言，神经网络翻译从模型上来说相对（   ）。

4. 对带有情感色彩的主观性文本进行分析、处理、归纳和推理的过程称为（   ）。

5. TF-IDF 是一种用于信息检索与数据挖掘的常用（   ）技术。

四、简答题

1. 简述 NLP 三个层次。

2. 简述 TF-IDF 基本原理。

3. NLP 常见任务有哪些？

4. 机器翻译面临哪些挑战？

5. 简述 NLP 主要应用场景。

创新创业篇

目前从事人工智能行业的企业大都处在创业阶段。要成功实现人工智能技术的产业化，需要各方面的优秀人才都来参与。在创业这条路上要想成功，除了过硬的专业技术，更要具备成功创业者的优秀品质，向任正非、马云、马化腾等成功的企业家学习，学习他们的高瞻远瞩、艰苦奋斗、坚韧不拔、谦虚谨慎、低调务实、大公无私、勤劳勇敢、以国家民族发展为己任等优良品质，因为理想和信念才是支撑我们坚持走下去的一股重要力量。

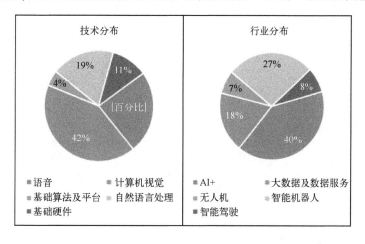

第 14 章　人工智能对社会的影响

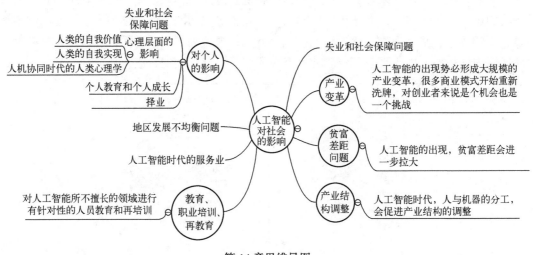

第 14 章思维导图

14.1　人工智能重新定义工作

在人工智能飞速发展的今天，机器人与自动化更适应依靠知识和规则工作，并已经逐步替代人类。据大数据预测，当下 65% 的学生将会从事尚未出现的职业。

在很多领域，人工智能的不断发展可以对劳动力市场格局进行重塑，从而淘汰某些已经不再需要人类从事的职业，比如，物理机器人（Robot）将重新定义蓝领的工作，软件机器人（RPA）将冲洗白领的工作。但一些想象不到的新工种也会同时出现。也就是说，人工智能并不会引发失业，而是会使工作形式发生改变，让工作变得更加智能化。

14.1.1　易被人工智能取代的职业：烦琐+重体力+无创意

在看科幻大片的时候，我们经常会被里面的机器人震撼到。这些机器人似乎拥有非常强大的"超能力"，以至于可以担负很多非常复杂的工作。而回到现实中，同样也可以发现，大量的职业正在甚至已经被人工智能取代。最容易也最有可能被人工智能取代的职业应该是烦琐、重体力和无创意的职业。

1. 烦琐的工作

通常来讲，会计、金融顾问等金融领域的工作人员都需要做非常烦琐的工作。以会计为例，不仅需要参与拟定财务计划、业务计划，还需要制作财务报表、计算和发放薪酬、缴纳各项税款等。而且更重要的是，如果在这个过程中出现了失误，那么无论是会计还是企业，都要遭受比较大的损失。

然而，引入 RPA（Robotic Process Automation）后，这一情况就有了明显改善。会计RPA 已经可以完成大量的会计工作。这也就意味着，会计很有可能会被人工智能取代。

2. 重体力工作

提起重体力，人们首先想到的四个职业就是保姆、快递员、服务员和工人。如今，这四个职业正面临着被人工智能取代的风险。例如，人工智能生活管家可能会取代保姆。

2016 年，日本著名机器人研究所 KOKORO 公司研制出了一款仿真机器人，并将其命名为"木户小姐"。据了解，"木户小姐"与真实的人类非常相似，除了可以像保姆那样完成一些打扫工作，还可以与主人进行简单的交谈。

2017 年 6 月 18 日，京东配送机器人穿梭在中国人民大学的道路间（见图 14-1），除了可以自主规避障碍和车辆行人，顺利地将快递送到目的地，还可以通过京东 APP、手机短信等方式向客户传达快递即将送到的消息。客户只需要输入提货码，即可打开京东配送机器人的快递仓，成功取走自己的快递。

图 14-1　京东配送机器人穿梭在中国人民大学的道路间

不难看出，"木户小姐"可以完成保姆的工作，京东配送机器人可以完成快递员的工作。当然，也有一些人工智能产品可以完成服务员和工人的工作。

3. 无创意的工作

众所周知，并不是每一项职业都需要创意，例如司机、客服等。自从人工智能出现以后，这些不需要创意的职业便受到了很大的威胁，下面以客服为例进行说明。

对于客服来说，RPA 无疑是一个非常巨大的挑战。一方面，RPA 可以精准地理解客户提出的问题，并给出合适的解决方案；另一方面，如果遇到需要人工解答的问题，那么智能客服机器人还可以辅助人类客服进行回复。

从目前的情况来看，RPA 已经在国内外多家企业获得了有效应用，例如酷派商城、阿里巴巴、360 商城、巨人游戏、京东、唯品会及亚马逊等。可以预见，当 RPA 越来越先进、数量也越来越多的时候，客服很有可能会被取代。

14.1.2　辩证思考：人工智能是否引发大量失业

人工智能从出现到现在，人们也逐渐意识到人工智能进入生活正在成为现实。然而，伴随而来的担忧也必须得到正视。不少权威人士也开始提醒人们要对人工智能高度警惕。

人们对人工智能的恐惧绝大部分来自对人工智能的不了解。要消除恐惧，需要在两个方面努力：一是消除人们心中情绪化的恐慌心理；二是理性解决问题。

随着人工智能的不断发展，一些烦琐、重体力、无创意的工作也会被逐渐取代，但这仅仅是非常小的一部分，像维修、咨询等需要人类经验的工作还是应该由人类来做。从目前的情况来看，人类亟待完成的重大任务主要有以下两项。

1）认真思考怎样调配那些被人工智能取代的工作者。

2）对教育进行改革，使其更好地适应未来就业形势。

从某种意义上讲，人工智能带来的并不是失业，而是更加完美的工作体验。未来，工作不能只由人类完成，也不能只由人工智能完成，必须由两者联合起来共同完成。因此，对于人工智能时代的到来，人们不需要感到担忧和恐惧。

人们所应该做的是，尽早了解科技的发展趋势，厘清人工智能与人类之间的关系，并在此基础上探索出更加合适的工作模式。

14.1.3　人工智能只是改变工作形式：工作由低级升为高级

很多人都想知道工作究竟会不会消失，实际上，在大多数情况下，工作并不会消失，而是转变成了新的形式。下面以人事工作为例进行详细说明。

之前，人事工作都是由 HR 负责的，然而，随着 RPA 应用，这样的情况似乎已经发生了改变。RPA 不仅可以自动完成某些工作，例如岗位调动、招聘、员工评测等，还可以帮助企业发现员工的跳槽倾向。与此同时，RPA 还可以采集员工的工作数据，并在此基础上通过深度学习技术，对员工的工作特征进行深度分析，从而判断出员工与其所在岗位是否足够匹配。

目前，引入 RPA 产品的企业越来越多，例如沃尔玛、亚马逊等。这些企业引入 RPA 主要目的是让人事工作可以更加高效、简单。通过上述案例也可以知道，人工智能并没有让人事工作消失，而是让其朝着更加高级的方向转变。

因此，无论是 HR，还是其他领域的工作人员，都应该知道，短期内，人工智能的出现会在一定程度上造成社会的"阵痛"，人类也很难阻挡某些领域的失业浪潮。不过，从长远来看，与人工智能一同而来的，还有更多的就业机会及更加高级的工作形式。

这种转变并不是意味着大规模失业，而是社会结构、经济秩序的重新调整。在此基础上，传统的工作形式会转变为新的工作形式，从而使生产力得到进一步解放，使人类生活水平得到进一步提升。

14.2　人工智能创业项目

人工智能创业项目在应用层关联得最为广泛，如机器人、无人机、智能家居和虚拟个人且理等（见图 14-2）。国内多数初创公司一般在各自应用领域拥有原有行业数据积累及技术资源优势，针对某一细分领域单点突破，深度挖掘，通过技术的不断提升来获取市场份额。同时，基于人工智能技术本身，也涌现了较多以提供核心技术服务为产品的 2B 型企业，带动了人工智能技术落地（见图 14-3）。

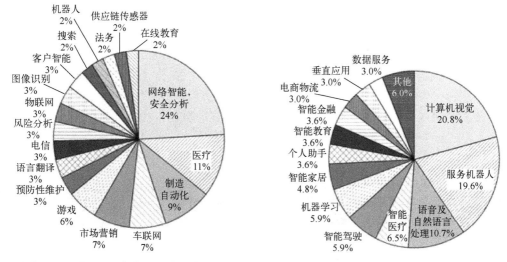

图 14-2　美国人工智能主要应用占比　　　图 14-3　我国人工智能创业公司所属领域分布

行业分析人士认为，目前人工智能正在诸多领域取得突破，但是核心依然是数据背后的算法应用。短期内人工智能的主要应用领域如图 14-4 所示。

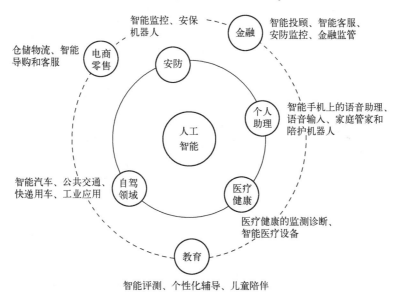

图 14-4　短期内人工智能的主要应用领域

习题 14

一、判断题

1. 企业引入人工智能产品的主要目的是让人事工作可以更加仔细、简单。　　　（　　）

2. 我国具有发展人工智能的良好科技实力。　　　（　　）

3. 我国在大数据、云计算、互联网以及物联网的智能化基础设施建设实力，为人工智能发展创造了良好的发展基础。　　　（　　）

二、填空题

1. 最容易也最有可能被人工智能取代的职业特征为（　　　）、（　　　）、（　　　）。

2. 人工智能改变的工作形式由（　　　）升为（　　　）。

3. 当前，我国经济建设正面临大量复杂问题的挑战，亟须（　　　）等新技术提供发展支撑。

4. 目前我国还没有出现一个大的人工智能系统可以实现不同领域的广泛应用，而这种系统在（　　　）和（　　　）则相对比较成熟。

三、简答题

1. 人工智能可能引发的负面影响有哪些？

2. 在人工智能快速发展的情况下，人们所应该做的是什么？

3. 人工智能的转变并不是意味着大规模失业，你怎么理解？

第15章 人工智能素养

人类工业化的发展，是一个时代逐步迭代到另一个时代的过程——从工业革命到后来的互联网革命，再到现在慢慢进入的人工智能革命。

虽然人工智能是一门技术，但是它不仅与人工智能相关专业人员有关，而是与这个时代每个人的工作、生活息息相关。并不是每个人都要掌握人工智能技术、模型或者对人工智能有深刻的理解和研究，但是不管身处何种行业，对人工智能浅层的了解和掌握人工智能的思维都是必要的。比如在商业服务领域，作为公司售前售后人员，如果完全不懂人工智能，可能无法与客户进行交流。不顺应时代的潮流掌握人工智能的思维，很可能会被行业发展的浪潮所淹没。所以人工智能不只是专业教育，而是一种通识教育。

15.1 人工智能思维

《全新思维》这本书中阐述了人类社会时代变迁，在经历了农耕时代、工业时代、信息时代之后，人类会进入创意时代。基于知识和规则的工作都会被人工智能取代，而右脑蕴含的认知、情感及创意则会打败机器人。人们必须跃升为"创客"，以生产创意而不是产品才能与未来的机器人共处。

这本书把人类未来所需要的能力分为三类。第一类是基础素养，包括文字、数学、科学、数码、经济及文化等；第二类是能力，包括批判性思维能力、创造性、沟通能力及合作能力；第三类是品格，主要包括好奇心、主动性、毅力、适应力、领导力及社会文化感知力。这三类共计16项技能是人类在未来社会所必需的，也是人工智能时代的人所必需的，思维决定了一切，有什么样的思维，就塑造了具备什么样的能力。

15.1.1 从互联网思维到人工智能思维

互联网思维不是颠覆传统产业，而是给传统商业模式赋能，它通过平台跨界和资源共享，大大提升供给和需求对接效率。互联网思维创造了巨大的成功，其典型的例子是电商。互联网思维只是简单对信息的获取和收集，缺乏对信息的加工能力，只能判断信息的有无，无法判断信息的对错可能性。人工智能思维将扭转这一局面，这是由人工智能三大推动力决定的（见图15-1）。

人工智能思维就是要习惯思考哪里有数据。不管文本数据、音频数据，还是视频数据，都可以通过技术来为你所用。

"数据越多的地方，智慧越大"，这和互联网思维有着本质的区别。互联网思维本质是规模，流量优先，前期不考虑盈利，先做市场规模，全用户，到后期再考虑变现，而人工智能思维则更关注数据和场景。

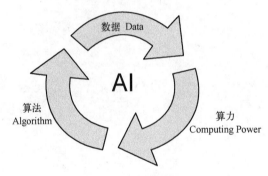

图 15-1　人工智能的推动力

　　互联网和人工智能的本质在于，互联网是人与人的连接，而人工智能是人与万物的连接。举个例子，过去人们在网上和朋友聊天，但现在基于人工智能技术的智能音箱出现后，人们无聊时的沟通对象就多了机器这一个选择。再比如智能冰箱，在人工智能时代，冰箱会根据用户平时的储存和消费习惯，在食物快消耗完的时候，自动在电商平台上下单购买，用户甚至都不需要关心家里的鸡蛋和牛奶还剩下多少，智能冰箱会将这一切都搞定。

　　在这里不能不提 Netflix，一家著名的影视制作公司。和好莱坞最大的区别在于，Netflix 是一家完全靠数据驱动的公司，也就是说，他的制作完全是根据用户观看的偏好、停留时间，甚至在某一帧数上的反馈进行调整，用户喜欢什么，Netflix 就制作什么，其诞生短短几年就大受欢迎。这就是基于人工智能思维下的大数据形态。

　　为什么企业更关心数据，哪怕只是一个小小的便利店？因为人工智能的本质是计算算力的提升和计算成本的降低。过去用机器学习，不但计算的成本非常高，并且效率很低，现在云计算等技术突飞猛进，包括针对人工智能计算的 GPU 芯片的出现，都大大降低了人工智能的门槛。

　　而算力和算法的提升，则可以帮助企业管理者突破以往的思维局限。以前可能很多问题发现了，但解决不了，现在，数据的丰富、算力的强大、算法的高效，以及它们之间彼此组合的智慧，会让整个基于场景的思维跟以前不一样。

　　比如便利店可以利用图像识别去跟踪用户信息，包括停留时间、停留商品及消费的品类，从而更好地进行供应链管理，而其他的人工智能技术，比如语音识别，则可以取代大部分销售员，使得便利店成为一个无人便利店，但效率又极其高的线下入口。

　　在人工智能时代，公司应该有人工智能思维、人工智能能力。人工智能会创造更多的工作机会，催生更多被人工智能赋能的新业态公司，数据将成为转型变革的核心驱动力。互联网是生产关系，大计算是生产力，大数据是生产资料。

　　5G 到来，会催生真正的人工智能大浪潮。互联网的所有创新，都是跟着通信基础设施的进步到来的。2G 时代诞生了博客、门户，3G 时代诞生了微博、自媒体，4G 时代诞生了直播、长视频、短视频。

　　5G 时代，带宽更大，网速更快，费率更低，云计算支持人工智能根本不是问题，哪怕是一个桌子，都可以人工智能化，过去是人和人连接，现在是万物互联，周围的一切产品，汽车、门窗、冰箱都会成为人工智能的一部分，这就是 5G 带来的最大变化。

　　在这样的浪潮下，基于人工智能的新的广告形态，基于人工智能的社交模式，基于人工智能的无人驾驶新体验，都和过去完全不一样，这就要求从事人工智能的人主要学会如何利用人工智能思维去和自己现有的业务进行融合。

人工智能思维是一种全新的，比互联网更先进的思维模式。从互联网到人工智能，并非是产品、市场等外在方面发生改变，而是商业模式的重塑，以及理念的转变等更深层次的变化。

15.1.2 什么是人工智能思维

1. 手机还会长期存在，但是移动互联网的机会已经不多了

虽然用户每天还会花费大量时间使用手机，但是做一个 APP 就能取得成功的想法已经不能够跟得上时代的步伐了。在新的时代，需要抓住新的机会，这个新的机会就是人工智能。

2. 要从移动思考方式转变为人工智能思考方式

从移动思考方式变成人工智能思考方式，意味着人们不再首先考虑手机触摸屏上的体验、字体和按键的大小，而是思考镜头、话筒的功能，考虑芯片的尺寸和价格。

3. 人工智能时代一个很典型的特点是软硬结合

整个互联网时代，大家更多的是关注软件层面的东西，而在人工智能时代，从依靠麦克风进行交互的智能音箱，到依靠传感器、激光雷达的无人车，都需要考虑软硬结合的技术，人们必须更多地去关注软件和硬件的结合处能够有哪些创新。

4. 数据秒杀一切算法，算法推动社会进步

人工智能时代大家的第一反应或观察到的事情是数据秒杀一切算法，因为如果有足够多的数据，即便是算法稍微差一点，得出来的结果也是不错的。但真正推动社会进步的是算法，而不是数据。就如同今天提起工业革命的时候，大家想到的是瓦特发明了蒸汽机，而不是英国的煤矿。

5. 语音搜索是一种人工智能时代的思维方式

用手机进行搜索，传统的搜索方式仍然是用文字搜索，但其实更多的时候用语音搜索准确率更高、速度更快。用语音进行搜索就是一种人工智能时代的思维方式。

15.2 应具有的人工智能能力

人工智能能力示意图如图 15-2 所示。

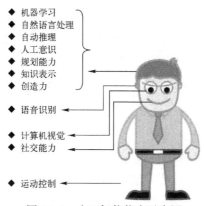

图 15-2 人工智能能力示意图

15.2.1　懂工具

要想让人工智能落地，工具必不可少。除了 PaddlePaddle 之外还需要了解一些常用的工具。

1. TensorFlow

TensorFlow 是一个谷歌的开源人工智能框架。它提供了一个使用数据流图进行数值计算的库。它可以运行在多种不同的有着单或多 CPU 和 GPU 的系统，甚至可以在移动设备上运行。它拥有深厚的灵活性、真正的可移植性、自动微分功能，并且支持 Python 和 C++。TensorFlow 官方网站上拥有十分详细的教程列表来帮助开发者和研究人员沉浸于使用或扩展它的功能。

2. Mahout

Mahout 是 Apache 基金会项目，它是一个开源机器学习框架。Mahout 有着三个主要的特性：结合了诸如 H2O 算法和 Spark 等模块、提供一个构建可扩展算法的编程环境和支持一个叫作 Samsara 的矢量数学实验环境。使用 Mahout 的公司有 Adobe、埃森哲咨询公司、Foursquare、英特尔、领英、Twitter、雅虎和其他许多公司。其官方网站列出了第三方的专业支持。

3. H2O

相比起科研，H2O 更注重将人工智能服务于企业用户，因此 H2O 有着大量的公司客户，比如第一资本金融公司、思科、Nielsen Catalina、PayPal 和泛美。它声称任何人都可以利用机器学习和预测分析的力量来解决业务难题，可以用于预测建模、风险和欺诈分析、保险分析、广告技术、医疗保健和客户情报中。

H2O 有两种开源版本：标准版 H2O 和 Sparking Water 版，被集成在 Apache Spark 中，也有付费的企业用户支持。

4. Caffe

Caffe 是由贾扬清在加州大学伯克利分校读博时创造的，它是一个基于表达体系结构和可扩展代码的深度学习框架。使它声名鹊起的是其速度，因而受到研究人员和企业用户的欢迎。Caffe 可以在一天之内只用一个 NVIDIA K40 GPU 处理 6000 万多个图像。Caffe 是由伯克利视野和学习中心（BVLC）管理的，并且由 NVIDIA 和亚马逊等公司资助来支持它的发展。

15.2.2　懂编程

学会编程语言是和机器沟通的一个不可或缺的技能，Python 是一种容易扩展的人工智能编程语言，学会 Python 是必要的；当然光学编程语言并不够，还要学习相关平台和开发环境，以及多种接口 API。

15.2.3　懂业务

脱离行业背景认知人工智能场景是没有生命力的，业务是架起书本和实际应用的桥梁。

学生、研究员、科学家关心的大多是学术和实验性问题，但进入产业界，工程师关心的就是具体的业务问题。简单来说，人工智能工程师扮演的角色是一个问题的解决者，最重要任务是在实际环境中且资源有限的条件下，用最有效的方法解决问题。只给出结果特别好的算法，是远远不够的。

人工智能工程师的首要目的是解决问题，很多情况下，人工智能工程师起码要了解一个算法在实际环境中，有哪些可能影响算法效率、可用性及可扩展性的因素。

比如做机器视觉的都应该了解，一个包含大量小图片（比如每个图片 4 KB，一共 1000 万张图片）的数据集，有哪些更高效的可替代存储方案；做深度学习的有时候也必须了解 CPU 和 GPU 的连接关系、CPU/GPU 缓存和内存的调度方式等，否则多半会在系统性能上碰钉子。

扩展性是另一个大问题，要解决未来可能出现的一大类相似问题，或者把问题的边界扩展到更大的数据量、更多的应用领域，这就要求人工智能工程师具备最基本的业务知识，在设计算法时，照顾到业务方面的需求。

15.2.4 懂模型

从图 15-1 可知，人工智能的三大基石——算法、数据和计算能力，算法作为其中之一，是非常重要的。

按照模型训练方式不同可以分为有监督学习、无监督学习、半监督学习、强化学习和深度学习五大类。

1. 常见的有监督学习算法

1）人工神经网络类：反向传播、卷积神经网络、Hopfield 网络、多层感知器、径向基函数网络（Radial Basis Function Network，RBFN）、受限玻尔兹曼机（Restricted Boltzmann Machine）、回归神经网络（Recurrent Neural Network，RNN）、自组织映射（Self-organizing Map，SOM）等。

2）贝叶斯类：朴素贝叶斯（Naive Bayes）、高斯贝叶斯（Gaussian Naive Bayes）、多项朴素贝叶斯（Multinomial Naive Bayes）、贝叶斯信念网络（Bayesian Belief Network，BBN）、贝叶斯网络（Bayesian Network，BN）等。

3）决策树类：分类和回归树（Classification and Regression Tree，CART）、迭代 Dichoto-miser3（Iterative Dichotomiser 3，ID3）、C4.5 算法、卡方自动交互检测（Chi-squared Automatic Interaction Detection，CHAID）、随机森林（Random Forest）、SLIQ（Supervised Learning in Quest）等。

4）线性分类器类：Fisher 的线性判别（Fisher's Linear Discriminant）、线性回归（Linear Regression）、逻辑回归（Logistic Regression）、多项逻辑回归（Multinomial Logistic Regression）、朴素贝叶斯分类器（Naive Bayes Classifier）、支持向量机（Support Vector Machine）等。

2. 常见的无监督学习算法

1）人工神经网络类：生成对抗网络（Generative Adversarial Networks，GAN）、前馈神经网络（Feedforward Neural Network）、逻辑学习机（Logic Learning Machine）、自组织映射（Self-organizing Map）等。

2）关联规则学习类：先验算法（Apriori Algorithm）、Eclat 算法（Eclat Algorithm）、FP-Growth 算法等。

3）聚类算法：单连锁聚类（Single-linkage Clustering）、概念聚类（Conceptual Clustering）、BIRCH 算法、DBSCAN 算法、期望最大化（Expectation-maximization，EM）、模糊聚

类（Fuzzy Clustering）、K-means 算法、K 均值聚类（K-means Clustering）、均值漂移算法（Mean-shift）、OPTICS 算法等。

4）异常检测类：K 最邻近（K-nearest Neighbor, KNN）算法、局部异常因子算法（Local Outlier Factor, LOF）等。

3. 常见的半监督学习算法

常见的半监督学习算法有生成模型（Generative Models）、低密度分离（Low-density Separation）、基于图形的方法（Graph-based Methods）、联合训练（Co-training）等。

4. 常见的强化学习算法

常见的强化学习算法有 Q 学习（Q-learning）、状态-行动-奖励-状态-行动（State-Action-Reward-State-Action, SARSA）、DQN（Deep Q Network）、策略梯度算法（Policy Gradients）、基于模型强化学习（Model Based RL）、时序差分学习（Temporal Different Learning）等。

5. 常见的深度学习算法

常见的深度学习算法有深度信念网络（Deep Belief Machines）、深度卷积神经网络（Deep Convolutional Neural Networks）、深度递归神经网络（Deep Recurrent Neural Network）、分层时间记忆（Hierarchical Temporal Memory, HTM）、深度玻尔兹曼机（Deep Boltzmann Machine, DBM）、栈式自动编码器（Stacked Autoencoder）、长短时记忆神经网络 LSTM（Long Short-term Memory）等。

算法的适用场景需要考虑以下因素。

1）数据量的大小、数据质量和数据本身的特点。

2）机器学习要解决的具体业务场景中问题的本质是什么？

3）可以接受的计算时间是什么？

4）算法精度要求有多高？

有了算法，有了被训练的数据（经过预处理过的数据），那么经过多次训练、模型评估和算法人员调参后，会获得训练模型（见图 15-3）。当新的数据输入后，训练模型就会给出结果，业务要求的最基础的功能就算实现了。

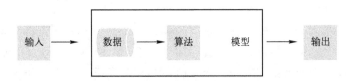

图 15-3　训练模型构造过程

习题 15

一、判断题

1. 人工智能思维是一种全新的，比互联网更先进的思维模式。　　　　　　（　　）

2. 人工智能时代一个很典型的特点是软硬结合。　　　　　　　　　　　　（　　）

3. 学会编程语言是和机器沟通的一个不可或缺的技能，Python 是一种容易扩展的人工

智能编程语言。　　　　　　　　　　　　　　　　　　　　　　　　　　（　　　）

  4. TensorFlow 是一个谷歌的非开源人工智能工具。　　　　　　　（　　　）

二、填空题

1. 互联网思维通过（　　　）和（　　　），大大提升供给和需求对接效率。

2. 人工智能三大推动力为（　　　）、（　　　）、（　　　）。

3. 互联网是（　　　），大计算是（　　　），大数据是（　　　）。

4. （　　　）秒杀一切算法，（　　　）推动社会进步。

5. 光学编程语言并不够，还要学习（　　　）和（　　　），以及（　　　）。

三、简答题

1. 人工智能时代人们更关注什么？

2. 人工智能工程师都要懂一点业务，为什么？

第16章　人工智能前沿

16.1　人工智能还不能做什么

弱人工智能在很多领域表现出色，但这并不意味着人工智能已无所不能。用人类对"智能"定义的普遍理解和一般性的关于强人工智能的标准去衡量，目前人工智能至少在以下七个领域还不够成熟。

16.1.1　跨领域推理

人和今天的人工智能相比，有一个明显的智慧优势，就是举一反三、触类旁通的能力。

很多人从孩提时代起，就已经建立了一种强大的思维能力——跨领域联想和类比。三四岁的小孩就会说"太阳像火炉子一样热""兔子跑得飞快"。以今天的技术发展水平，如果不是程序开发者专门用某种属性将不同领域关联起来，计算机自己是很难总结出"太阳"与"火炉"、"跑"与"飞"之间的相似性的。

人类强大的跨领域联想、类比能力是跨领域推理的基础。侦探小说中的福尔摩斯可以从嫌疑人的一顶帽子中遗留的发屑、沾染的灰尘，推理出嫌疑人的生活习惯，甚至家庭、婚姻状况。这种从表象入手，推导并认识背后规律的能力，是计算机目前还远远不能及的。利用这种能力，人类可以在日常生活、工作中解决非常复杂的具体问题。比如，一次商务谈判失败后，为了提出更好的谈判策略，通常需要从多个不同层面着手，分析谈判对手的真实诉求，寻找双方潜在的契合点，而这种推理、分析，往往混杂了技术方案、商务报价、市场趋势、竞争对手动态、谈判对手业务现状、当前痛点、短期和长期诉求以及可能采用的谈判策略等不同领域的信息，必须将这些信息合理组织，利用跨领域推理的能力，归纳出其中的规律，并制定最终的决策。这不是简单的基于已知信息的分类或预测问题，也不是初级层面的信息感知问题，而往往是在信息不完整的环境中，用不同领域的推论互相补足，并结合经验尽量做出最合理决定的过程。

为了进行更有效的跨领域推理，许多人都有帮助自己整理思路的好方法。比如，有人喜欢用思维导图来梳理信息间的关系；有人喜欢用大胆假设、小心求证的方式突破现有思维定式；有人则喜欢用换位思考的方式，让自己站在对方或旁观者的立场上，从不同视角探索新的解决方案；有的人更善于听取、整合他人的意见……人类使用的这些高级分析、推理、决策技巧，对于今天的计算机而言还显得过于高深。赢得德州扑克人机大战的人工智能程序在辅助决策方面有不错的潜力，但与一次成功的商务谈判所需的人类智慧相比，还是太初级了。

今天，迁移学习技术正吸引越来越多研究者的目光（参考 16.2.3 节）。这种学习技术的基本思路就是将计算机在一个领域取得的经验，通过某种形式的变换，迁移到计算机并不熟悉的另一个领域。比如，计算机通过大数据的训练，已经可以在淘宝商城的用户评论里，识别出买家的哪些话是在夸奖一个商品好，哪些话是在抱怨一个商品差，那么，这样的经验能不能被迅速迁移到电影评论领域，不需要再次训练，就能让计算机识别电影观众的评论究竟是在夸奖一部电影，还是在批评一部电影？

16.1.2　抽象能力

抽象对人类至关重要。漫漫数千年间，数学理论的发展更是将人类的超强抽象能力表现得淋漓尽致。最早，人类从计数中归纳出 1，2，3，4，5…的自然数序列，这可以看作一个非常自然的抽象过程。计算机所使用的二进制数字、机器指令、程序代码等，其实都是人类对"计算"本身所做的抽象。基于这些抽象，人类成功地研制出如此众多且实用的人工智能技术。那么，人工智能能不能自己学会类似的抽象能力？

目前的深度学习技术，几乎都需要大量训练样本来让计算机完成学习过程。可人类，哪怕是小孩要学习一个新知识时，通常只要两三个样本就可以了。这其中最重要的差别，也许就是抽象能力的不同。比如，一个小孩看到第一辆汽车时，他的大脑中就会将汽车抽象为一个盒子装在四个轮子上的组合，并将这个抽象后的构型印在脑子里。下次再看到外观差别很大的汽车时，小孩仍可以毫不费力地认出那是一辆汽车。计算机就很难做到这一点，或者说，目前还不知道怎么教计算机做到这一点。人工智能领域，少样本学习、无监督学习方向的科研工作，目前的进展还很有限。但是，不突破少样本、无监督的学习，也许就永远无法实现人类水平的人工智能。

16.1.3　知其然，也知其所以然

目前基于深度学习的人工智能技术，经验的成分比较多。输入大量数据后，机器自动调整参数，完成深度学习模型，在许多领域确实达到了非常不错的效果，但模型中的参数为什么如此设置，里面蕴含的更深层次的道理等，在很多情况下还较难解释。

比如谷歌的 AlphaGo，它在下围棋时，追求的是每下一步棋后，自己的胜率（赢面）超过 50%，这样就可以确保最终赢棋。但具体到每一步，为什么这样下胜率更大，那样下胜率就较小，即便是开发 AlphaGo 程序的人，也只能给出一大堆由计算机训练得到的数据，在当前局面下，走这里比走那里的胜率高百分之多少……

围棋专家当然可以用自己的经验，解释计算机所下的大多数棋。但围棋专家的习惯思路，比如实地与外势的关系，一个棋形是"厚"还是"薄"，是不是"愚形"，一步棋是否照顾了"大局"等，真的就是计算机在下棋时考虑的要点和次序吗？显然不是。人类专家的理论是成体系的、有内在逻辑的，但这个体系和逻辑却并不一定是计算机能简单理解的。

人通常追求"知其然，也知其所以然"，但目前的弱人工智能程序，大多都只要结果足够好就行了。

16.1.4　常识

人的常识，是个极其有趣，又往往只可意会、不可言传的东西。以物理现象来举例，懂

得力学定律，当然可以用符合逻辑的方式，全面理解这个世界。但人类似乎生来就具有另一种更加神奇的能力，即便不借助逻辑和理论知识，也能完成某些相当成功的决策或推理。比如丢出的物体会下落。

常识有两个层面的意思：首先指的是一个心智健全的人应当具备的基本知识；其次指的是人类与生俱来的，无须特别学习就能具备的认知、理解和判断能力。人们在生活里经常会用"符合常识"或"违背常识"来判断一件事的对错与否，但在这一类判断中，人们几乎从来都无法说出为什么会这样判断。也就是说，每个人的头脑中，都有一些几乎被所有人认可的，无须仔细思考就能直接使用的知识、经验或方法。

常识可以给人类带来直截了当的好处。比如，人人都知道两点之间直线最短，走路的时候为了省力气，能走直线是绝不会走弯路的。人们不用去学欧氏几何中的那条著名公理，也能在走路时达到省力效果。

那么，人工智能是不是也能像人类一样，不需要特别学习，就可以具备一些有关世界规律的基本知识，掌握一些不需要复杂思考就特别有效的逻辑规律，并在需要时快速应用呢？以自动驾驶为例，计算机是靠学习已知路况积累经验的。当自动驾驶汽车遇到特别棘手、从来没见过的危险时，计算机能不能正确处理？也许，这时就需要一些类似常识的东西，比如设计出某种方法，让计算机知道，在危险来临时首先要确保乘车人与行人的安全，路况过于极端时可安全减速并靠边停车等。下围棋的 AlphaGo 里也有些可被称作常识的东西，比如，整块棋形做不出两个真眼的就是死棋，这个常识永远是 AlphaGo 需要优先考虑的东西。当然，无论是自动驾驶汽车，还是下围棋的 AlphaGo，这里说的常识，更多的还只是一些预设规则，远未如人类所理解的"常识"那么丰富。

16.1.5　审美

虽然机器已经可以仿照人类的绘画、诗歌、音乐等艺术风格，照猫画虎般地创作出计算机艺术作品来，但机器并不真正懂得什么是美。

审美能力同样是人类独有的特征，很难用技术语言解释，也很难被赋予机器。审美能力并非与生俱来，但可以在大量阅读和欣赏的过程中，自然而然地形成。审美缺少量化的指标，比如很难说这首诗比另一首诗高明百分之多少，但只要具备一般的审美水平，就很容易将美的艺术和丑的艺术区分开来。审美是一件非常个性化的事情，每个人心中都有自己一套关于美的标准，但审美又可以被语言文字描述和解释，人与人之间可以很容易地交换和分享审美体验。这种神奇的能力，计算机目前几乎完全不具备。

首先，审美能力不是简单的规则组合，也不仅仅是大量数据堆砌后的统计规律。比如，可以将人类认为的所有好的绘画作品和所有差的绘画作品都输入深度神经网络中，让计算机自主学习什么是美，什么是丑。但这样的学习结果必然是平均化的、缺乏个性的，因为在这个世界上，美和丑的标准绝不是只有一个。同时，这种基于经验的审美训练，也会有意忽视艺术创作中最强调的"创新"的特征。艺术家所做的开创性工作，大概都会被这一类机器学习模型认为是不知所云的陌生输入，难以评定到底是美还是丑。

其次，审美能力明显是一个跨领域的能力，每个人的审美能力都是一个综合能力，与这个人的个人经历、文史知识、艺术修养及生活经验等都有密切关系。一个从来没有过痛苦、心结的年轻人读到"胭脂泪，相留醉，几时重，自是人生长恨水长东"这样的句子，是无论如何也体验不到其中的凄苦之美的。同样，如果不了解拿破仑时代整个欧洲的风云变幻，在聆听贝多芬《英雄》交响曲的时候，也很难产生足够强烈的共鸣。可是，这些跨领域的审美经验，又该如何让计算机学会？

顺便提一句，深度神经网络可以用某种方式，将计算机在理解图像时"看到"的东西与原图叠加展现，并最终生成一幅特点极其鲜明的艺术作品。通常，也将这一类作品称为"深度神经网络之梦"。网上有一些可以直接使用的生成工具，有兴趣的读者可以试一试Deep Dream Generator（deepdreamgenerator.com）。牵强一点儿说，这些梦境画面，也许展现的就是人工智能算法独特的审美能力（见图 16-1）。

图 16-1　deepdreamgenerator.com 生成的图片

16.1.6　情感

欢乐、忧伤、愤怒、讨厌、害怕……每个人都因为这些情感的存在，而变得独特和有存在感。人们常说，完全没有情感波澜的人，与山石草木又有什么分别。也就是说，情感是人类之所以为人类的感性基础。那么，人工智能呢？人类这些丰富的情感，计算机也能拥有吗？

机器只是冷冰冰的机器，它们不懂赢棋的快乐，也不懂输棋的烦恼，它们不会看着对方棋手的脸色，猜测对方是不是已经准备投降。今天的机器完全无法理解人的喜怒哀乐、七情六欲、信任与尊重……前一段时间，有位人工智能研究者训练出了一套可以"理解"幽默感的系统，然后为这个系统输入了一篇测试文章，结果，这个系统看到每句话都大笑着说："哈哈哈！"也就是说，在理解幽默或享受欢乐的事情上，今天的机器还不如两三岁的小孩。

不过，抛开机器自己的情感不谈，让机器学着理解、判断人类的情感，这倒是一个比较靠谱的研究方向。情感分析技术一直是人工智能领域里的一个热点方向。只要有足够的数据，机器就可以从人所说的话里，或者从人的面部表情、肢体动作中，推测出这个人是高兴还是悲伤，是轻松还是沉重。这件事基本属于弱人工智能力所能及的范畴，并不需要计算机自己具备七情六欲才能实现。

16.2　量子计算

当前，量子计算已被视为科技行业中的前沿领域，国内外科技巨头公司相继加大了在该领域的研发与商用探索的力度。

2015 年 7 月，阿里云与中国科学院共同成立"中国科学院-阿里巴巴量子计算实验室"，开展量子计算的前瞻性研究。

2017 年 11 月，IBM 宣布成功测试了一台承载 50 量子比特的量子计算原型机。

2017 年 12 月，腾讯宣布成立量子实验室，开始网罗量子相关的算法、通信、量子物理等方面的人才。

2018 年 3 月，谷歌推出了一款承载 72 量子比特的芯片。

同年 3 月，百度宣布成立量子计算研究所，开展量子计算软件和信息技术应用业务研究。

为什么这些科技企业如此热衷于量子计算领域的研究？

1. 什么是量子计算？

说到量子计算首先要讲一下量子力学的概念。量子力学是研究物质世界微观粒子运动规律的物理学分支，它和相对论一起构成了现代物理学的理论基础。量子力学指出，世界的运行并不确定，最多只能预测各种结果出现的概率；一个物体可以同时处于两个相互矛盾的状态中。量子计算就是一种遵循量子力学的规律调控数据的过程。

2. 量子计算的发展将给人工智能带来巨大的提升

通常来讲，人工智能发展的三大基石分别为大数据、算法以及计算能力。事实上，随着数据信息爆发式的发展，计算能力或将成为未来人工智能发展的最大障碍。

随着全球的数据总量的飞速增长，互联网时代下的大数据高速积累，每天产生的数据与现有计算能力已经严重不匹配。IDC 数字宇宙报告显示，全球绝大部分信息数据产生于近几年，数据总量正在以指数形式增长。基于目前的计算能力，在如此庞大的数据面前，人工智能的训练学习过程将变得相当漫长，甚至无法实现最基本的人工智能，因为数据量已经超出了内存和处理器的承载上限，极大限制了人工智能的发展，这就需要量子计算机来帮助处理未来海量的数据。

此外，就是热耗散的问题，经典计算机器件，热耗散不可避免，而且集成度越高，热耗散越严重。但对于量子计算机来说，原理上保持可逆计算，没有热耗散，它可以在里面自循环，没有热耗散也遵从量子力学规律。

量子计算能够让人工智能加速，量子计算机将重新定义什么才是真正的超级计算能力。同时，量子计算机也将有可能解决人工智能快速发展带来的能源问题。

业界普遍认为量子计算将有可能给人工智能带来变革性的变化。目前，量子计算主要被应用于机器学习提速，基于量子硬件的机器学习算法，可加速优化算法和提高优化效果。

有理由相信，在未来的五到十年，人工智能在量子计算的作用下，将会开启一个全新的时代!

3. 量子计算机

量子计算机正在大规模商用（见图16-2），其运行速度比传统模拟装置计算机芯片运行速度快1亿倍。

图 16-2 量子计算机

16.3 机器学习的未来

16.3.1 深度学习理论和新型网络结构

1. 可解释人工智能：理解黑匣子

今天，有许多机器学习算法在使用，然而，这些算法中有许多被认为是"黑匣子"，对它们如何达到结果几乎没有提供任何建议。可解释、可证明和透明的人工智能对于建立对该技术的信任至关重要，人们希望人工智能能在保持预测精度的同时产生更可解释的模型。

2. 胶囊网络：模仿大脑的视觉加工能力

胶囊网络是一种新型的深度神经网络，其处理视觉信息的方式与大脑相似，这意味着它们可以保持层次关系。这与卷积神经网络形成鲜明对比，卷积神经网络是应用最广泛的神经网络之一，它没有考虑到简单对象和复杂对象之间的重要空间层次结构，导致分类错误和错误率高。

对于典型的识别任务，胶囊网络通过将误差减少50%，保证了更高的准确性，同时也不需要太多的数据来训练模型。期望看到胶囊网络在许多问题领域和深层神经网络体系结构中的广泛应用。

3. 生成对抗性网络：配对神经网络促进学习和减轻处理负荷

生成对抗性网络 GAN 是一种无监督的深度学习系统，它是作为两个相互竞争的神经网络来实现的。一个网络，即生成器，创建了与真实数据集完全相同的假数据。第二个网络，即鉴别器，接收真实和综合的数据。随着时间的推移，每个网络都在改进，使这对网络能够学习给定数据集的整个分布。

GAN 为更大范围的无监督任务打开了深度学习的大门，在这些任务中，标签数据并不存在，或者获取起来太昂贵。它们还减少了深层神经网络所需的负载，因为这两个网络分担了负担。预计会有更多的商业应用程序，如网络检测等。

4. 混合学习模型：模型不确定性的组合方法

不同类型的深层神经网络，如 GANS 或 DRL，在性能上有很大的发展前景，并在不同类型的数据中得到了广泛的应用。然而，深度学习模型不能像贝叶斯概率那样为不确定性的数据场景建模。混合学习模型将这两种方法结合起来，以充分利用每一种方法的优势。混合模型的一些例子有贝叶斯深度学习、贝叶斯 GAN 和贝叶斯条件 GAN。混合学习模型使得将业务问题的多样性扩展到包含不确定性的深度学习成为可能。

5. 自动机器学习（AutoML）：无须编程的模型创建

开发机器学习模型需要耗费时间和专家驱动的工作流程，包括数据准备、特征选择、模式或技术选择、训练及调优。AutoML 的目的是使用许多不同的统计和深入学习技术来实现这个工作流的自动化。

AutoML 是人工智能工具民主化的一部分，它使企业用户能够在没有深入编程背景的情况下开发机器学习模型。它还将加快数据科学家创建模型所需的时间。

16.3.2 强化学习

1. 强化学习概念

强化学习解决智能决策问题，需连续不断地做出决策才能实现最终目标的问题。比如 AlphaGo 需根据当前的棋局状态做出该下哪个子的决策。

强化学习更像人的学习过程：人类通过与周围环境交互，学会走路、奔跑、劳动，人与自然交互创造了现代文明。

深度学习如图像识别和语音识别解决的是感知的问题，强化学习解决的是决策问题，人工智能的终极目标是通过感知进行智能决策，近年来，将深度学习技术与强化学习算法结合而产生的深度强化学习算法是人类实现人工智能终极目标的一个有前景的方法。

图 16-3 展示了强化学习基本框架。

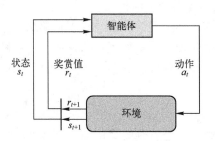

图 16-3　强化学习基本框架

2. 强化学习仿真环境

强化学习的仿真环境近几年也得到了长足发展。

2016 年 4 月 OpenAI 对外开放了其 AI 训练平台 gym，同年 12 月，该组织发布了开源测试和训练 AI 通用能力的平台 Universe，训练 AI 通过虚拟的键盘和鼠标像人类一样使用计算机玩游戏。不久后 DeepMind 团队也宣布开源其 AI 核心平台 DeepMind Lab。AirSim 是 Microsoft 发布的开源自动驾驶仿真环境，并使用 Python 程序来读取信息和控制车辆（https://github.com/microsoft/AirSim）。

3. 强化学习与传统学习对比

图 16-4 给出了强化学习与传统学习对比。强化学习与深度学习存在如下差异。

1）深度学习是根据所有历史数据，推测将来某一事件发生的概率。

2）强化学习是针对某些只与上一时刻相关的问题，根据本时刻与上一时刻的状态和动作，推断下一时刻某动作发生的概率。深度学习是机械的、静止的；而强化学习是不断变化的、连续的过程。

3）深度强化学习是通过上一时刻的深度学习预测模型和本时刻的模型，推断出下一状态采取某个动作的概率，是前面两者的结合，每次训练模型都用到了上次模型。

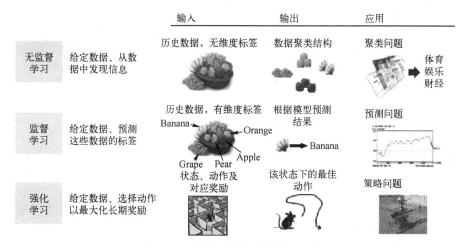

图 16-4　强化学习与传统学习对比

4. 深度强化学习

深度强化学习是一种通过观察、行动和奖励与环境相互作用来学习的神经网络。深层强化学习（DRL）已经被用来学习游戏策略，比如 Atari 和 Go 程序——包括著名的击败人类围棋冠军的 AlphaGo 程序。

DRL 是所有学习技术中最通用的，因此它可以应用于大多数商业应用中。它需要比其他技术更少的数据来训练它的模型。值得注意的是，它可以通过模拟来训练，完全不需要标签化数据。鉴于这些优点，未来将诞生更多的将 DRL 与基于 Agent 的仿真相结合的商业应用。

16.3.3　迁移学习

1. 迁移学习概念

迁移学习是一种发展前景较好的机器学习技术，它将在一个任务上训练过的模型用在第二个相关的任务中重复使用。"迁移学习和领域适应性是指在一个配置环境中已经学习到的东西，被用来改善在另外一种配置中的泛化情况（见图 16-5）。"

迁移学习是一种优化，它允许在第二个任务上建模时取得快速进步和改善性能。迁移学习，通过从一个已经学习过的相关任务中转移知识来对新任务中学习进行改进。

在迁移学习中，首先在基础数据集和任务上训练一个基础网络，然后重新调整学习到的模型特性，或将它们转移到第二个目标网络以在目标数据集和任务上接受训练。如果学习到的特性是常规的，那么这个过程将会起作用，这就意味着可以适用于基础任务和目标任务，而不是只适合基础任务。

图 16-5　迁移学习示意图

迁移学习有显著的优点和缺点。了解这些优缺点对于成功的机器学习应用程序至关重要。知识转让只有在"适当"的情况下才有可能。在这个背景下确切地定义合适的手段并不容易，通常需要进行大量的实验。一般的情况下，人们可能不会相信一个在玩具车里开车的孩子能够驾驶法拉利。在迁移学习中也是这样的原理：虽然很难量化，但迁移学习是有上限的。这不是一个适合所有问题的解决方案。

2. 如何使用迁移学习？

两种常用方法如下。

（1）开发建模方法

1）选择源任务。必须选择一个有大量数据的相关的预测建模问题，且在这些数据中，输入数据、输出数据和（或）与在输入映射到输出数据过程中学习到的概念存在某种关系。

2）开发源模型。必须为这第一个任务开发一个成熟的模型。该模型必须比原始模型更好，以确定已经执行过一些特征学习。

3）复用模型。适合源任务的模型可被用作第二个有关联任务模型的起点。这可能会涉及使用全部或部分模型，它取决于所用的建模技术。

4）调整模型。可根据需要，对可用于在有关联任务的输入-输出配对数据上进行调整或微调。

（2）预训练建模方法

1）选择源模型。预先训练的源模型是从可用模型中选取的。许多研究机构发布了在具有挑战性的大型数据集上建立的模型，这些数据集可能包含在可供选择的候选模型中。

2）重利用模型。预训练的模型可被用作建立第二个有关联任务模型的起点。这可能会涉及使用整个或部分模型，它取决于所用的建模技术。

3）调整模型。可根据需要对可用于在有关联任务的输入-输出配对数据上进行调整或微调。

第二种方法是在深度学习领域中比较常见的迁移学习方法。

3. 迁移学习应用

（1）图像数据的迁移学习

以图像数据作为输入的预测建模问题进行迁移学习是比较常见的。

这可能是一个以照片或视频数据作为输入的预测任务。

对于这些类型的问题，通常使用预先训练好的深度学习模型来处理大型的和具有挑战性的图像分类任务，如 ImageNet 1000 级照片分类竞赛。

为此次竞赛开发模型的研究机构经常会发布最终版模型，并在许可条例下允许重复使用。而这些模型在新式的硬件上进行训练需要花费几天或几周的时间。

这些模型可供下载，且可以直接整合到以图像数据作为输入的新模型中。

这种模型的三个实例如下。

1）剑桥 VGG 模型。

2）谷歌 Inception 模型。

3）微软 ResNet 模型。

这种方法很有效，是因为图像是在大量的照片资料库上进行训练的，并且要求模型在相对大量的类上进行预测，相应地，需要模型从图片中有效地学习提取特征以便在具体问题上有好的效果。

（2）语言数据的迁移学习

使用文本作为输入或输出的自然语言处理问题进行迁移学习是很普遍的。

对于这些类型的问题，使用单词嵌入，即将单词映射到一个高维连续矢量空间，其中具有相同意思的不同单词有相似的矢量表示。

存在一些有效的算法来学习这些分布式的文字表示，而且研究机构通常会发布预先训练过的模型，这些模型是在有授权许可的大文本文件上训练出来的。

使用这种类型的模型的例子如下。

1）谷歌的 word2vec 模型。

2）斯坦福的 GloVe 模型。

这些分布式单词表示的模型可供下载，且可以被整合到以单词释义作为输入或单词的生成作为输出的深度学习语言模型。

4. 迁移学习优点

1）更高的起点。源模型的初始技能（在提炼模型之前）比其他模型要高。

2）更高的提升效率。训练源模型过程中提升技能的效率比其他模型要高。

3）较高的渐近线。训练好的模型的融合技能比其他模型要好。

如果可以用大量的数据识别一个相关的任务，并且有足够的资源为该任务开发一个模型，还可以在自己的问题上进行重用；或者有一个可用的预先训练好的模型作为自己模型的起点，那么迁移学习是一种很好的尝试方法。

如果没有太多的数据，那么迁移学习可以使你开发熟练的模型。

16.4　3D 打印

16.4.1　3D 打印机基本原理

3D 打印（3DP）即快速成型技术的一种，又称增材制造，它是一种以数字模型文件为基础，运用粉末状金属或塑料等可黏合材料，通过逐层打印的方式来构造物体的技术。

3D 打印通常是采用数字技术材料打印机来实现的，常在模具制造、工业设计等领域被用于制造模型，后逐渐用于一些产品的直接制造，已经有使用这种技术打印而成的零部件。

该技术在珠宝、鞋类、工业设计、建筑、工程和施工（AEC）、汽车、航空航天、牙科和医疗产业、教育、地理信息系统、土木工程、枪支以及其他领域都有所应用（见图 16-6、图 16-7）。

图 16-6　3D 打印机打印的手枪

图 16-7　3D 打印机打印的房子

16.4.2　3D 打印机+人工智能

3D 打印是一项创新型的新技术，它不断发展并寻找改进自身的新方法。现在，人们在 3D 打印机加入了人工智能之类的新技术。这两种黑科技碰撞在一起，会擦出怎样的火花？当然，此处所说的人工智能，并非神经网络、超级算法、机器学习等数据层面的概念，而是通过智能化的创意与设计，实现机器对于人工的模仿、替代与解放。

1. 三维艺术品打印

哥本哈根 IT 大学（IT University of Copenhagen）和怀俄明大学（University of Wyoming）的计算机科学家们在 2016 年开发出了一种能够创作 3D 打印艺术品的人工智能软件，能够在无人干涉的情况下使用深度学习和创新引擎来创建 3D 对象。据科学家们介绍，他们使用了图像识别技术，可以用于高级别数据抽象的建模（见图 16-8）。

图 16-8　利用人工智能软件创建的三维艺术品

2. 服装打印

人工智能同样可以与三维扫描结合，对客户进行身体的三维扫描，让客户挑选服装的样式和版型，然后对花瓣的图案密度进行调整，使衣服更加合身，接着采用选择性激光烧结技术进行打印，一件精致的 3D 概念服装就成型了（见图 16-9）。

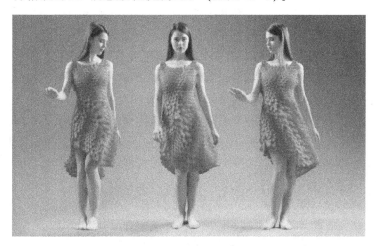

图 16-9　3D 打印的服装

3. 类脑组织打印

以往，只有相对硬一些的材料可被 3D 打印出来，而大脑、肺等软组织，一般很难通过 3D 打印技术获得。这是因为 3D 打印过程涉及逐层建造物体，下层要能支撑不断增长的结构的重量，打印非常柔软的材料，容易出现底层材料崩塌问题。

英国科学家近日使用一种新型复合水凝胶（包含水溶性合成聚乙烯醇以及植物凝胶两种成分），打印出三维支架，然后用胶原蛋白包裹打印出结构，并用人类细胞进行填充，得到了类脑软组织（见图 16-10）。

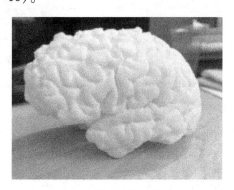

图 16-10　3D 打印机打印的类脑组织

16.4.3　3D 打印机发展

1. 桌面级 3D 打印机

1）桌面 3D 打印机（见图 16-11）更为小巧，便于携带，外表看起来更时尚，几年后它将会像计算机一样方便携带。

2）触屏功能、摄像功能、上网功能、自动修复功能一应俱全。

3）打印精度非常高，打印的材料非常便宜。

4）价格大多控制在 3000 元以内，成本大概控制在 1000 元左右。

5）数字工艺教育普及市场空间非常巨大，预计国内市场保有量在 2 亿台以上，3D 打印机进入家庭、进入学校将变为常态，当前学校越来越多地引进了 3D 打印教育。3D 打印技术不需要长时间的工艺技巧训练，轻易地就可以完成不可思议的立体造型。3D 打印，可以让每个人的设计思想得到解放，如何让 3D 打印机将来变得像手机一样普及。手机终端后面是庞大的互联网技术团队和信息技术团队。因此，首先要解决的是 3D 打印机的信息化改造，才能适应未来移动互联网和移动信息网络的全面普及。目前，要设法让每一台打印机都有一个相对强大的后台支撑，有很多爱好者可以很方便地将他们开发的软件上传，能够联网到一个个平台，自动进入各个云端，要给 3D 打印机安装一个 CPU，并且可以随时升级，远程控制，可以自动修复、自动换行、自动与上下游相关配套模块结合。

2. 工业 3D 打印机

1）工业 3D 打印机（见图 16-12）将变得平台化、智能化及系统化。未来的产业形态一定是平台化趋势，是众多先进制造技术的融合发展，3D 打印也不例外。

2）对传统制造业的全面渗透和覆盖，但仅仅是生产流程和生产工艺中某个环节的应用。

3）随着技术的进步，稳定性、精密度要求将不再难满足，材料可以全面突破。

4）成本降低以后，工业 3D 打印机将率先在铸造、模具等行业全面渗透，并在其他领域得到广泛推进。

图 16-11　桌面 3D 打印机　　　　　　　图 16-12　工业 3D 打印机

3. 生物 3D 打印机

1）生物 3D 打印机（见图 16-13）应用面将大大提高，不再仅仅停留在打印牙齿、骨骼修复等方面，打印部分人体器官将成为常态。

2）整个应用推广的进程相对缓慢，主要取决于各个国家的政策支持程度。

3）复杂的细胞组织和器官的打印还有很多技术难题需要突破。

4. 建筑 3D 打印机

1）建筑 3D 打印机（见图 16-14）已经打印出了房子，打印过程是根据计算机设计图样和方案，层层叠加原料喷绘相关构件，之后再将相关构件运送到现场，进行吊装。而标准化、批量化建筑领域，3D 打印的市场几乎不会存在。

2）对于一些特殊环境下的建筑需求，将有逐步试行的可能。

3）个性化建筑使用面最广，但是由于成本因素，现阶段还不一定具有较大优势。

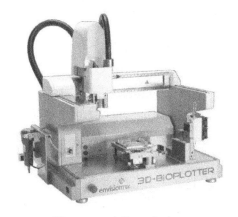

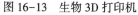

图 16-13　生物 3D 打印机

图 16-14　建筑 3D 打印机

5. 3D 打印材料

1）目前国际上处于垄断地位的材料企业还将保持三到五年优势。

2）随着技术的进步和 3D 打印技术的不断优化，材料问题不再是困扰行业发展的难题。

3）智能材料将异军突起。智能材料其实也是功能性材料的一种，可以随着时间、温度等外部环境的改变而发生变化。

4）可降解的环保材料将占据主流，其他材料将被淘汰。

5）材料的成本将显著降低。

16.5　AR 与 VR

随着科技的发展，仅仅通过屏幕来感受虚拟世界，已经不再满足极客的需求。所以一部分人已经开始研究 VR 和 AR。

16.5.1　VR 和 AR 的概念

1. 什么是 VR

VR 是虚拟现实（Virtual Reality）的简称。虚拟现实技术囊括计算机、电子信息及仿真技术于一体，其基本实现方式是计算机模拟虚拟环境从而给人以环境沉浸感。现在主流的设备有 Oculus Rift 和 HTC Vive 等。

虚拟现实具有一切人类所拥有的感知功能，比如听觉、视觉、触觉、味觉及嗅觉等感知系统；真正实现了人机交互，使人在操作过程中，可以随意操作并且得到环境最真实的反馈。正是虚拟现实技术的存在性、多感知性及交互性等特征使它受到了许多人的喜爱。

2. 什么是 AR

AR 是增强现实（Augmented Reality）的简称，是一种实时地计算摄影机影像的位置及角度并加上相应图像的技术，这种技术的目标是在屏幕上把虚拟世界叠加在现实世界并进行互动。AR 是一种将真实世界信息和虚拟世界信息"无缝"集成的新技术，是把原本在现实世界的一定时间空间范围内很难体验到的实体信息（视觉、声音、味道、触觉等），通过计算机等科学技术，模拟仿真后再叠加，将虚拟的信息应用到真实世界，被人类感官所感知，从而达到超越现实的感官体验。真实的环境和虚拟的物体实时地叠加到了同一个画面或空间同时存在。

　　AR 其实已经运用到人们的生活之中了。比如百度地图实景路线导航；支付宝的集五福，扫福会出现动画效果；最多的就是美图、抖音等的视频拍照，在脸部添加动画和美颜功能；还有前几年火爆全球的 Pokemon Go 游戏，都用到了 AR 技术。即在现实的基础上，添加一些动画，使原本不可能出现在真实世界的物体，出现在了现实世界，只不过这些增强了现实的东西，你是只能看到，是摸不着的。

　　AR 系统具有三个突出的特点：①真实世界和虚拟的信息集成；②具有实时交互性；③是在三维尺度空间中增添定位虚拟物体。

3. VR 和 AR 的区别

　　VR 全都是假的，假的场景，假的元素，一切都是计算机做出来的。AR 是半真半假，比如用手机镜头看真实的场景，当看到某一真实的元素的时候，触发一个程序，来加强体验（见图 16-15）。

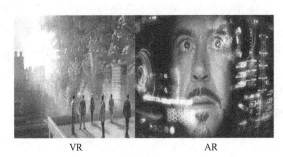

VR　　　　　　　　　　AR

图 16-15　VR 与 AR

16.5.2　VR 应用场景

1. 在影视娱乐中的应用

　　由于虚拟现实技术在影视业的广泛应用，以虚拟现实技术为主而建立的 9DVR 体验馆得以实现。9DVR 体验馆自建成以来，在影视娱乐市场中的影响力非常大，此体验馆可以让观影者体会到置身于真实场景之中的感觉，让体验者沉浸在影片所创造的虚拟环境之中。同时，随着虚拟现实技术的不断创新，此技术在游戏领域也得到了快速发展。虚拟现实技术是利用计算机产生的三维虚拟空间，而三维游戏刚好是建立在此技术之上的，三维游戏几乎包含了虚拟现实的全部技术，使得游戏在保持实时性和交互性的同时，也大幅提升了游戏的真实感（见图 16-16）。

2. 在教育中的应用

　　如今，虚拟现实技术已经成为促进教育发展的一种新型教育手段。传统的教育只是一味地给学生灌输知识，而现在利用虚拟现实技术可以帮助学生打造生动、逼真的学习环境，使学生通过真实感受来增强记忆，相比于被动性灌输，利用虚拟现实技术来进行自主学习更容易让学生接受，这种方式更容易激发学生的学习兴趣。此外，各大院校利用虚拟现实技术还建立了与学科相关的虚拟实验室来帮助学生更好地学习（见图 16-17）。

图 16-16　虚拟现实影视娱乐

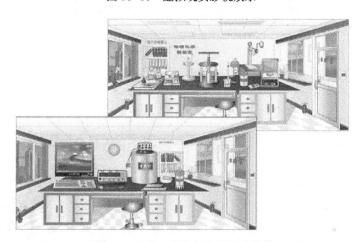

图 16-17　基于虚拟现实的化学教学

3. 在设计领域的应用

虚拟现实技术在设计领域小有成就，例如室内设计，人们可以利用虚拟现实技术把室内结构、房屋外形通过虚拟技术表现出来，使之变成可以看得见的物体和环境。同时，在设计初期，设计师可以将自己的想法通过虚拟现实技术模拟出来，可以在虚拟环境中预先看到室内的实际效果，这样既节省了时间，又降低了成本（见图 16-18）。

图 16-18　基于虚拟现实的设计

4. 在医学方面的应用

医学专家们利用计算机,在虚拟空间中模拟出人体组织和器官,让医生在其中进行模拟操作,并且能让医生感受到手术刀切入人体肌肉组织、触碰到骨头的感觉,使医生能够更快地掌握手术要领。而且,主刀医生们在手术前,也可以建立一个病人身体的虚拟模型,在虚拟空间中先进行一次手术预演,这样能够大大提高手术的成功率,让更多的病人得以痊愈。虚拟现实在医学上的应用如图 16-19 所示。

5. 在军事方面的应用

由于虚拟现实的立体感和真实感,在军事方面,人们将地图上的山川地貌、海洋湖泊等数据通过计算机进行编写,利用虚拟现实技术,能将原本平面的地图变成一幅三维立体的地形图,再通过全息技术将其投影出来,这更有助于进行军事演习等训练。除此之外,现在的战争是信息化战争,战争机器都朝着自动化方向发展,无人机便是信息化战争的最典型产物。无人机由于它的自动化以及便利性深受人们喜爱,在战士训练期间,可以利用虚拟现实技术去模拟无人机的飞行、射击等工作模式。由于虚拟现实技术能将无人机拍摄到的场景立体化,降低操作难度,提高侦查效率,战争期间,军人也可以通过眼镜、头盔等机器操控无人机进行侦察和暗杀任务,减小战争中军人的伤亡率。虚拟现实在军事上的应用如图 16-20 所示。

图 16-19　基于虚拟现实的看病

图 16-20　虚拟现实在军事上应用

6. 在航空航天方面的应用

由于航空航天是一项耗资巨大,非常烦琐的工程,所以,人们利用虚拟现实技术和计算机的统计模拟,在虚拟空间中重现了现实中的航天飞机与飞行环境,使航天员在虚拟空间中进行飞行训练和实验操作,极大地降低了实验经费和实验的危险系数。图 16-21 给出基于虚拟现实的航天员培训场景。

图 16-21　基于虚拟现实的航天员培训场景

16.5.3　AR 应用场景

简单来说，增强现实技术是以真实世界的环境为基础，并向其中添加由计算机生成的输入内容。然后，现实世界和增强的环境可以相互作用并进行数字化操作。随着增强现实技术的成熟，以及应用程序的数量不断增长，未来增强现实技术可以影响人们的购物、娱乐、工作和生活等方方面面。

1. 零售业

当购买衣服、鞋子、眼镜或其他任何东西时，在购买之前"试穿一下"是很自然的事情。另外当添置家具或其他家居物品时，如果能看到这些物品在家里摆放起来会是什么样子，岂不是很棒的体验？现在，可以借助增强现实技术来实现这些目的。由于支持增强现实应用的技术和工具比以往任何时候都更加普遍，增强现实的增长速度会越来越快。比如Vyking 就是一家在零售领域引领增强现实技术的公司，该公司利用自己的技术让购物者通过智能手机屏幕"试穿"一双鞋。匡威是一家知名的运动鞋公司，它同样利用沉浸式技术，让顾客能够试穿其在线产品目录中的各种商品（见图 16-22）。

还有 WatchBox 是一家拥有购买、销售和交易二手奢侈品牌手表的公司。该公司利用增强现实技术，希望能够减少买家期望收到的产品与实际到货产品之间经常出现的"落差"问题。该公司在自己的移动购物应用程序中添加了增强现实功能，允许客户"试戴"他们感兴趣的手表（见图 16-23）。

虽然在网上可以找到一些非常漂亮的眼镜和太阳镜，但在购买之前，谁都想看到眼镜戴在自己的脸上究竟是什么效果。而在 Speqs Eyewear 的应用程序中，这根本不是问题，用户可以通过增强现实技术立即试戴任何款式的眼镜。通过使用 iPhone X 的面部识别技术，Warby Parker 甚至可以自动推荐适合不同消费者的镜框样式。

图 16-22　Vyking 试穿体验

图 16-23　WatchBox 试戴体验

通常来说，很难想象一件家具摆在自己的家里是什么样子，因此有 60% 的客户在购买家具时希望使用增强现实技术也就不足为奇了。宜家和 Wayfair 就是两家系统借助增强现实技术帮助客户在家中可视化家具和产品效果的家具零售商。提供增强现实技术也能促进销售。根据一项名为"增强现实技术对零售业的影响"的研究结果显示，72% 的消费者在购物时使用了增强现实技术，然后就决定购买了他们之前并没有购买计划的产品。

2. 建筑和维护

在建筑领域，增强现实技术允许建筑师、施工人员、开发人员和客户在任何建筑开始之前，将一个拟议的设计在空间和现有条件下的样子可视化（见图 16-24）。除了可视化之外，它还可以帮助识别工作中的可构建性问题，从而允许架构师和构建人员在问题变得更加难以解决之前集思广益解决方案。

增强现实还可以支持建筑物和产品的持续维护。通过增强现实技术，可以在物理环境中显示具有交互式 3D 动画等指令的服务手册。增强现实技术可以帮助客户在维修或完成产品的维修过程中提供远程协助。这也是一种宝贵的培训工具，可以帮助经验不足的维修人员完成自己的任务，并在找到正确的服务和零件信息时，提供与本人在现场一样的服务。

3. 旅游

借助增强现实技术，旅游品牌可以为潜在的游客提供一种更身临其境的旅游体验。通过 AR 解决方案，代理商和景点目的地可以为访问者提供更多的目的地信息和路标信息。AR 应用程序可以帮助旅行者在度假景点之间进行导航，并且进一步了解目的地的兴趣点（见图 16-25）。

图 16-24　AR 与建筑师　　　　　　　　　　　　图 16-25　旅游体验

4. 教育

虽然关于增强现实如何支持教育还有很多需要探索的地方，但未来的可能性是巨大的。增强现实技术可以帮助教育工作者在课堂上用动态 3D 模型（见图 16-26）、更加有趣的事实叠加以及更多关于他们正在学习的主题来吸引学生的注意力。视觉技术学习者也将受益于增强现实技术的可视化能力，它可以通过数字渲染将概念带入生活（或至少是 3D 效果）。学生可以随时随地获取信息，不需要任何特殊设备，就像 Moly 之类的语言学习应用一样。

5. 医疗保健

增强现实技术可以使外科医生通过 3D 视觉获得数字图像和关键信息。外科医生不需要把目光从手术领域移开，就能获得他们可能需要的、成功实施手术的关键信息（见图 16-27）。很多初创公司正在开发 AR 相关的技术，包括 3D 医疗成像和特定的手术在内，希望能够对数字手术提供更多的支持。

6. 导航系统

Sygic 的增强现实功能结合了智能手机的 GPS 和引导驾驶员沿虚拟路径行驶的增强现实技术，提高了导航应用程序的安全性。它适用于所有安卓和 iOS 用户，而由 Navion 提供的 True AR 是首个车载全息 AR 导航系统（见图 16-28）。系统随着汽车周围环境的变化而发展。

图 16-26　动态 3D 模型

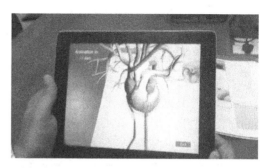

图 16-27　数字手术

图 16-28　AR 导航

增强现实现在已经通过很多方式影响着人们生产生活的各个方面，甚至是类似 Snapchat 的拍照滤镜，通过增强现实都能给用户带来很多欢乐，这一点很多人都深有体会。

16.6　RPA

16.6.1　RPA 概述

1. RPA 兴起的原因

2019 年，人工智能热度不减，其中，RPA（Robotic Process Automation，机器人流程自动化）颇受关注。在企业讲究效率、追求效益的今天，RPA 的价值更加凸显。近几年，RPA 快速渗透到各个行业，大有星火燎原之势。RPA 之所以火，这与当前技术突破和企业需求密不可分，如图 16-29 所示。

从图 16-29 看出，RPA 处于操作员与应用系统交互接口的位置。RPA 火的具体原因是如下。

（1）ERP 推动了信息化和自动化水平提高

从企业信息自动化的进程来看，过去的二十年是企业 ERP 系统高速发展的一个过程，经过这些年企业 ERP 系统的建设和推广，企业各个部门包括财务、人事、生产、销售、IT 等的信息化和自动化水平都达到了相当高的程度。

当员工都开始使用企业 ERP 系统和部门业务系统来完成日常工作的时候，如何让员工更有效地使用自动化系统来提高效率为企业创造更大价值?

为了解决这个问题,需要分析哪些人和系统的交互是必要的、高价值的、有创造性的,而哪些交互是机械的、低价值的、可能由机器来完成的。RPA 软件机器人就是对应这种需求而产生的,用来取代那些机械的、低价值的、可能由机器来完成的人机交互,提高企业的自动化和数字化水平,将员工从大量重复的、机械的、低价值的工作中解放出来,更加集中精力于创造性的高价值(Value-add)工作上,增强企业核心竞争力。

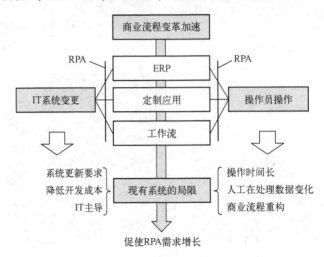

图 16-29   技术突破和企业需求促使 RPA 需求增长

(2) 各个部门业务系统之间的数据传递和集成催生了 RPA

为了解决各个部门业务系统之间的数据传递和集成问题,计算机技术专家和流程专家提出了很多概念试图从多个抽象层面包括接口、数据及流程等角度来解决这个问题。

1) ESB(Enterprise Service Bus,企业服务总线),是传统中间件技术与 XML、Web 服务等技术结合的产物,提供了网络中最基本的连接中枢,可以提供比传统中间件产品更为廉价的解决方案,同时它还可以消除不同应用之间的技术差异,让不同的应用服务器协调运作,实现了不同服务之间的通信与整合。

2) WebService,是一个平台独立的、低耦合的、自包含的、基于可编程的 Web 的应用程序,可使用开放的 XML(标准通用标记语言下的一个子集)标准来描述、发布、发现、协调和配置这些应用程序,用于开发分布式的互操作的应用程序。

3) OLTP(On-line Transaction Processing,联机事务处理过程)/OLAP(On-line Analytical Processing,联机分析处理),OLTP 是传统的关系型数据库的主要应用,主要是基本的、日常的事务处理,而 OLAP 是数据仓库系统的主要应用,支持复杂的分析操作,侧重决策支持,并且提供直观易懂的查询结果。

4) 数据仓库,是为企业所有级别的决策制定过程,提供所有类型数据支持的战略集合,单个数据存储,出于分析性报告和决策支持目的而创建,为需要业务智能的企业,提供指导业务流程改进、监视时间、成本、质量以及控制。

5) MDM(Master Data Management,主数据管理),定义了一组规程、技术和解决方案,这些规程、技术和解决方案用于为所有利益相关方如用户、应用程序、数据仓库、流程以及贸易伙伴等创建并维护业务数据的一致性、完整性、相关性和精确性。

6) BPM（Business Process Management，业务流程管理），是一种以规范化的构造端到端的卓越业务流程为中心，以持续地提高组织业务绩效为目的的系统化方法。

RPA 软件机器人解决方案可以将这些相对成熟的新兴技术连接起来为客户提供一个高效的行业解决方案，以客户可以承受的价格（"实施成本"）和时间轴（"实施速度"）让客户提前开始利用这些新兴技术创造价值。

2. RPA 概念

RPA 从字面便不难看出其要义，即：机器、流程、自动化，RPA 是以机器人作为虚拟劳动力，不是电影或者工厂中的实体机器人，而是依据预先设定的程序与现有用户系统进行交互并完成预期的任务。从目前的技术实践来看，现有的 RPA 需要符合两大要点：大量重复（让 RPA 有必要）、规则明确（让 RPA 有可能）。图 16-30 示意了 RPA 的定义和能力。

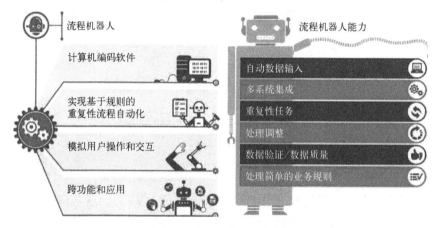

图 16-30　RPA 的定义和能力

那么，RPA 是什么？是流程改进？是一个工具？还是一种方法论？

1) 在客户（业务部门）看来，RPA 是数字劳动力，软件机器人，用来将员工从大量重复的机械式低价值工作中解放出来，使其集中精力于高价值的工作上，大大提高生产效率。

2) 在 IT（实施方）看来，RPA 使一种速赢的外挂式技术解决方案，在不触动原有系统架构的情况下以客户可以接受的成本（"实施成本"）快速实施（"实施速度"），实现与客户双赢。

RPA 更是一种理念，用机器取代人工的理念。RPA 从最初的虚拟化助手，发展到现在的虚拟劳动力，就是这种理念的不断延伸和发展。随着人工智能等新技术的引入，RPA 不断升级换代，在未来将成为漫威电影系列中钢铁侠托尼·史塔克的智能管家"贾维斯"一样的超智能软件机器人。

从智能化的角度看，RPA 并不是个新的概念，只不过人工智能给 RPA 赋予了新的内涵，从人工智能落地的角度看，RPA 是未来几年必须关注的一个热点。

为了理解 RPA，下面举两个例子。

1) 按键精灵，这是一款模拟鼠标键盘动作的软件。通过制作脚本，可以让按键精灵代替双手，自动执行一系列鼠标键盘动作。按键精灵工作原理如图 16-31 所示。

比如双击 ERP（Enterprise Resource Planning）软件的图标，输入账户信息，单击登录按钮，进去之后再单击菜单逐层进入 AP 发票处理页面，等这一系列的操作完成之后，单击停止录制，然后为这个录制的流程设置一个快捷键，比如〈Ctrl〉+〈L〉。ERP 系统如图 16-32 所示。

图 16-31　按键精灵工作原理

图 16-32　ERP 系统

　　怎么使用这个录制的过程呢？再次上班时，按下〈Ctrl〉+〈L〉，这个软件就会按着上次录制的过程依次做一遍，直到运行结束，整个过程完全不需要用户的参与，以后通过这个方式就可以一键登录 ERP 系统并进入发票处理页面了。

　　考虑面向的用户群体往往并不会拥有专业的技术背景，总体而言，这些工作与流程自动化工具的应用还是相对比较简单易用，通常可以通过图形化的界面完成脚本的生成与编辑，即使是利用相对专业的脚本编辑器，这里的脚本业务完全不是程序员所面对的那种代码，简单看一下教程很快也能上手。

　　2）Excel 的 VBA 宏、录制宏和执行宏来批量处理 Excel 数据。

　　当然现今各大软件厂商推出的 RPA 工具远比上述提及的小工具在功能丰富度上、场景的针对性上强很多，但其核心逻辑并没有本质的差异，在某些特定的业务场景下，熟练的 Excel VBA 开发者仅利用 Office 工具甚至也能完成 RPA 工作（许多 RPA 工具仍然需要 Excel VBA 来进行协同工作）。

3. RPA 特征

图 16-33 展示了 RPA 三大特征。

4. RPA 能做什么

RPA 软件机器人可以记录员工在计算机桌面上的任何操作行为，包括键盘录入、鼠标移动和单击、触发调用 Windows 系统桌面操作例如文件夹和文件操作等，以及触发调用各类应用程序例如收发 Outlook 邮件、Word/Excel 操作、网页操作、打印文档、录音/录屏、打开摄像头、远程登录服务器、SQL Server 客户端操作、Lync 客户端发送信息、SAP 客户端操作、业务应用客户端操作及在 ERP 系统上的操作等，并将这些操作行为抽象化变成计算机能够理解和处理的对象，然后按照约定的规则在计算机上自动执行这些对象。

技术无关

- RPA可以跨越传统的ERP、大型机、自定义应用程序、桌面应用程序和任何其他类型的IT平台进行工作
- 任何可以被人类使用的技术平台也可使用RPA机器人进行操作

非侵入性

- RPA利用其他应用软件现有的应用程序接口，因此不需要从技术上集成
- 由于不需要复杂的集成，RPA程序可以在几天或几周推出，实施成本低，投资回报率高

可扩展性和可追溯性

- 员工在培训后即可维护、设定和部署机器人
- 机器人受到全面监控，能可见地进行安全访问和修改

图 16-33　RPA 三大特征

RPA 软件机器人一般具有以下功能。

1) 键盘/鼠标操作自动化。

2) 识别 UI 画面的文字内容并读取。

3) 识别 UI 画面的图形、颜色等属性。

4) 对各类应用程序的自动启动自动关闭、用户名密码的自动输入。

5) 定时执行。

6) 定制简单。

7) 业务流程的平顺过渡。

8) 不同应用程序和业务系统间的数据共享。

9) 支持远程操作。

10) 支持多台计算机和服务器的控制。

11) 支持通过处理流或者手顺书操作。

12) 支持错误处理和分支处理。

13) 支持历史数据分析的一些特点。

5. RPA 优势

图 16-34 展示了某企业的一个应用场景，RPA 带来的时间效益。

6. RPA 和 AI 的关系

RPA 和 AI 的关系如图 16-35 所示。

7. RPA 应用场景

(1) 电信通信领域

RPA 可以应用于电信通信领域内的大多数任务流程中，但其中最可行且最容易蓬勃发展的是整合客服系统。例如从客服系统中获取信息并进行信息备份，定期进行分析并上传必要的数据。

非仅如此。在未来几年中，电信通信领域用例将会极速增长，必须要为像 PRA 这样的技术创造足够的机会来建立必要的流程自动化框架。

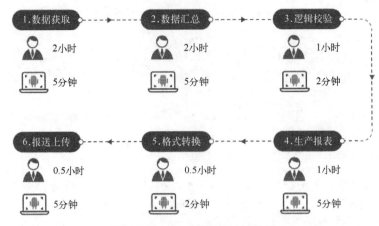

图 16-34 RPA 带来的时间效益

图 16-35 RPA 和 AI 的关系

（2）银行领域

银行领域应该积极推动 RPA 在自身业务流程中的使用，在小金人的业务分析中，银行领域实施 RPA 最为可行的方案，有且不限于：数据验证、多系统间数据迁移、客户账户管理、自动生成报表、抵押价值比较（当地或跨域）、表单数据填写、金融索赔处理、贷款数据更新以及柜台数据备份。

同样地，在银行领域中的实现案例不局限于上述所提，可以在任何场景中实施应对的解决方案，可将 PRA 扩展到银行业的新领域，为建设流程自动化提供有效支持。

（3）保险行业

RPA 可应用于保险行业内的绝大多数业务流程，但是能够最容易也最快速发展的，是用于自动化管理和客户服务，与接收、审查、分析和提交索赔有关。

RPA 的适用场景将会随之不断增长。向一个场景提供的解决方案能够将 RPA 进一步地实现到其他方面，以进一步将流程自动化深入领域空间中。

（4）医疗卫生领域

在医疗卫生领域方面，RPA 能够胜任的业务流程也十分丰富，从患者注册流程到患者数据迁移、患者数据处理、医生报告、医疗账单处理、数据自动录入、患者记录存储及索赔处理等。

沿着未来的道路，上述的流程将只是冰山一角，一旦引入 RPA 来完成这些任务并进行业务流程优化后，与这些流程密切相关的流程也将会急需利用 RPA，从而减少大量的时间和成本。RPA 势必会在这个领域的转折时期创造奇迹。

（5）零售领域

RPA 能够在零售领域中胜任的流程宽阔，包括从制造商的网站提取产品数据、自动在线库存更新、网站导入、电子邮件处理、订单数据处理及客服等。

不局限于此，但是上述场景应用的 RPA 解决方案肯定需要扩展到未来的本领域流程自动化中，从此达到自动化端到端的阶段。

（6）制造业

在制造业中，RPA 适用于大多数的流程和方案，包括现有的 ERP 自动化、物流数据自动化、数据监控以及产品定价比较等。

不仅如此，流程自动化的场景还要求与它们交织的其他场景自动化，以满足未来的自动化需求。因此，机器人流程自动化工具和软件一旦实现就可以创造奇迹，自动化几乎达到端到端的水平。

8. RPA 的未来

图 16-36 展示了 2014~2022 年 RPA 软件和服务市场。

增加
RPA软件
RPA服务
年收益 / 百万美元
增长率(%)
时间 / 年
6.12亿美元
11.1亿美元
17.14亿美元
23.44亿美元
29.93亿美元
36.53亿美元
43.08亿美元
429
183
799
315
1253
461
1736
608
2238
755
2750
903
3258
1050
2016
2017
2018
2019
2020
2021
2022

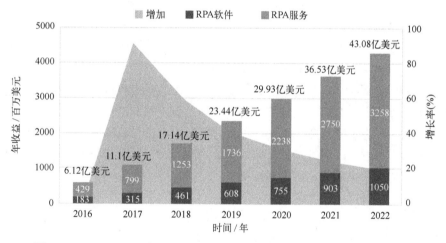

图 16-36　2016~2022 年 RPA 软件和服务市场（数据来源：HFS Research）

图 16-37 展示了全球 RPA 发展趋势。

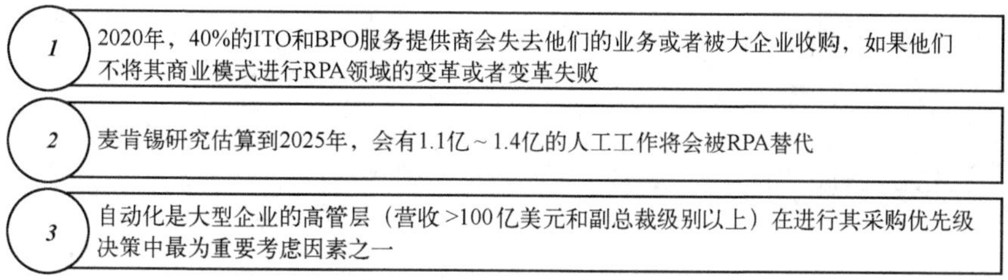

1
2020年，40%的ITO和BPO服务提供商会失去他们的业务或者被大企业收购，如果他们不将其商业模式进行RPA领域的变革或者变革失败
2
麦肯锡研究估算到2025年，会有1.1亿~1.4亿的人工工作将会被RPA替代
3
自动化是大型企业的高管层（营收>100亿美元和副总裁级别以上）在进行其采购优先级决策中最为重要考虑因素之一

图 16-37　全球 RPA 发展趋势

16.6.2 RPA 相关技术

1. RPA 组成

RPA 是一种软件机器人，既然是"人"，那么就应该有眼睛、耳朵、嘴巴、手及脑袋，利用上述这些相对成熟的技术，RPA 机器人就具有了类似于人的这些功能。

1) 眼睛，利用 OCR、图像识别及语义识别等技术，RPA 机器人可以"阅读"打印和手写的文字，实现例如发票识别、身份证识别及银行卡识别等功能。

2) 耳朵，利用语音识别技术，RPA 机器人可以"听懂"人类对话，结合语义识别技术就可以实现例如会议记录（文字）、实时翻译等功能。

3) 嘴巴，利用语音合成技术，RPA 机器人可以"说话"，结合语音识别和语义识别技术就可以实现例如智能导游、智能导购及智能 Help Desk 服务等功能。

4) 手脚，利用机器手臂、自动驾驶等技术，RPA 机器人可以"行动"，结合机器学习等技术就可以实现例如无人驾驶、无人物流及无人工厂等。

5) 脑袋，利用统计分析、机器学习等人工智能技术，RPA 机器人就真正具有了智能，可以像人一样"思考、学习和决策"。

2. RPA 架构

典型的 RPA 平台至少会包含开发、运行及控制三个组成部分，即 RPA 三件套。

（1）开发工具

开发工具主要用于建立软件机器人的配置或设计机器人。通过开发工具，开发者可以为机器人执行一系列的指令和决策逻辑进行编程。

就像雇佣新员工一样，新创建的机器人对公司的业务或流程将会一无所知。这就需要在业务流程上培训机器人，然后才能发挥出其特有的功能，提高工作效率。

大多数开发工具为了进行商业发展，通常需要开发人员具备相应的编程知识储备，如循环、变量赋值等。不过，好消息是，目前大多数 RPA 软件代码相对较低，使得一些没有 IT 背景但训练有素的用户也能快速学习和使用。

开发工具里还包括以下几个方面。

记录仪：也称为"录屏"，用以配置软件机器人。就像 Excel 中的宏功能，记录仪可以记录用户界面（UI）里发生的每一次鼠标动作和键盘输入。

插件/扩展：为了让配置的运行软件机器人变得简单，大多数平台都提供许多插件和扩展应用。

可视化流程图：一些 RPA 厂商为方便开发者更好地操作 RPA 开发平台，会推出流程图可视化操作。比如 UiBot 开发平台就包含三种视图，即流程视图、可视化视图及源码视图，分别对应不同用户的需求。

（2）运行工具

当开发工作完成后，用户可使用该工具，来运行已有软件机器人，也可以查阅运行结果。

（3）控制中心

控制中心主要用于软件机器人的部署与管理。包括开始/停止机器人的运行、为机器人制作日程表、维护和发布代码、重新部署机器人的不同任务、管理许可证和凭证等。当需要在多台 PC 上运行软件机器人的时候，也可以用控制器对这些机器人进行集中控制，比如统一分发流程、统一设定启动条件等。

图 16-38 给出了开发工具、控制中心和运行工具三者的作用及关系。

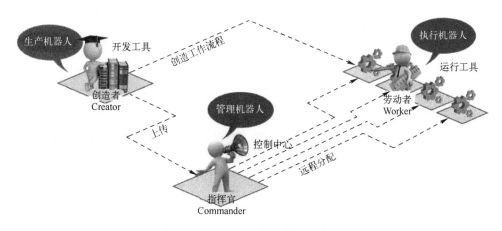

图 16-38　RPA 三件套作用示意图

3. RPA 相关技术

作为一种新兴的技术，RPA 软件机器人在不断发展进化。2017 年麦肯锡发布了一份报告《智能流程自动化（IPA）将成为数字时代的核心运营管理模式》，将管理智能化从 RPA 提升到了 IPA（Intelligent Process Automation）。在该报告中，麦卡锡提出下一代 RPA 应至少具备以下五种核心技术。

1）机器人流程自动化 RPA：这是 IPA 的基础。

2）智能工作流：一种流程管理的软件工具，集成了由人和机器团队执行的工作，允许用户实时启动和跟踪端到端流程的状态，用来管理不同组之间的切换，包括机器人和人类用户之间的切换，并提供瓶颈阶段的统计数据。

3）机器学习/高级分析：一种通过"监督"或者"无监督"学习来识别结构化数据中模式的算法。监督算法在根据新输入做出预测之前，通过已有的结构化数据集的输入和输出进行学习，无监督算法观察结构化的数据，直接识别出模式。

4）自然语言生成：一种在人类和系统之间创建无缝交互的引擎，遵循规则将从数据中观察到地信息转换成文字，结构化的性能数据可以通过管道传输到自然语言引擎中，并自动编写成内部和外部的管理报告。

5）认知智能体：一种结合了机器学习和自然语言生成的技术，它可以作为一个完全虚拟的劳动力，并有能力完成工作、交流，从数据集中学习，甚至基于"情感检测"做出判断等任务，认知智能体可以通过电话或者交谈来帮助员工和客户。

16.6.3　RPA 软件产品的选择

1. RPA 软件产品

目前市场上 RPA 商业产品很多，各有特点和优势，为了避免失之偏颇，图 16-39 是第三方公司 Forrester Research（著名的独立的技术和市场调研公司）在 2017 年发布的。

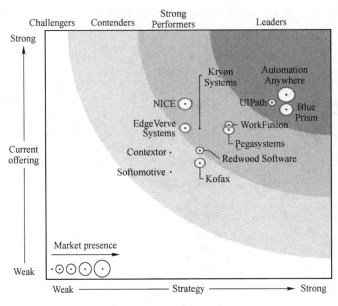

图 16-39　RPA 产品评估

　　在图 16-39 里列示了 11 个 RPA 产品，包括 Automation Anywhere、Blue Prism、UiPath 等，在图 16-39 中从三个维度来分析这些 RPA 产品：现有功能（Current offering）、战略方向（Strategy）及市场份额（Market presence）。

　　在图 16-39 中的位置越靠上，说明软件功能越强大，位置越靠右侧，说明公司更专注于 RPA 领域，而在图 16-39 中图示的圈越大，则说明该产品的用户越多，市场占有率越高。

　　软件产品选型时要考虑到很多的因素，也是更加个性化综合分析的结果，除了成本、公司规模、产品功能与需求的契合度、案例对比等各种因素外，实施方的 RPA 实施经验和后期维护运营支持也要考虑进来。需要指出的是一些客户，特别是一些企业内部客户，并不愿意直接从市场上购买第三方 RPA 产品，而是更期望由 IT 部门针对各自需求自主开发 RPA 应用，根本原因在于购买 RPA 产品需要很大一笔投资在软件 License 上。从市场上购买的第三方 RPA 产品需要支持 License 费用，但是对于各种类型功能需求的支持做得较为完善（尽管很多功能在实际应用中并没有用到），开发工具强大因此开发周期较短，很少写代码或基本不用写代码，维护成本也较低；而自主开发的 RPA 应用不需要软件 License 费用，需要针对功能写代码，功能支持相对单一，开发周期较长，维护成本较高，优势在于和业务系统更深层的集成。究竟最终如何选择，要看客户的实际需要和预算（投入产出比）。

　　当然，不管是从第三方购买的 RPA 产品，还是自开发的 RPA 应用，在和 ERP 系统集成上有一个悖论，如果可以直接访问目标系统的数据库，如果目标系统已经开放了接口（API、ETL、Web Service 等），是不是就不需要用 RPA 了？是的，从技术层面上而言的确如此，但是，从客户角度来看，选择什么样的技术解决方案需要考虑到更多因素，比如"实施成本""实施速度"等，对于客户而言，毫无疑问，RPA 是一款非常令人心动的外挂式技术解决方案，将员工从大量重复、规则明确的机械式低价值的工作中解放出来，使其集中精力于创造性的高价值的工作上，极大提高企业核心竞争力，助力企业数字化转型。

2. Automation Anywhere

　　这是一款针对商业以及 IT 的任务自动执行工具，用户不需要编程就可以在几分钟内设定复杂的任务安排，通过向导，用户可以建立键盘记录和鼠标动作记录，还可以创建自动化脚本，功能特点包括职能化技术、任务调度、重复功能、多变量调试、交互脚本及任务链等。

3. Blue Prism

Blue Prism 机器人自动化软件使企业经营活动和业务流程外包（BPO）实现业务流程自动化，速度快且具有成本效益，无须复杂的软件工程设计，业务流程实现自动化的速度较传统的方法快 3~5 倍。软件功能很好很强大，就是 License 比较贵。

4. 数字员工 CYCLONE

数字员工 CYCLONE 是上海弘玑信息技术有限公司致力于打造国内最强的数字员工软件产品，为企业提供具备人工智能的数字劳动力，从而帮助企业提升业务运行效率与质量、显著降低人员成本与系统建设成本。具有以下特点。

1）全流程可配置，不编程实现流程自动化非嵌入式。

2）无须改造业务系统，办公室里的隐形员工不强制记录用户名和密码，保障用户安全。

3）全流程留痕，帮助用户进行数据审计。

16.6.4 财务 RPA

根据对财务三个层面职能的划分：指导、控制及执行，不难理解发现 RPA 很容易在执行和控制两个层面发挥应有的价值，尤其是在交易性的业务执行层面，通常会有更多契合业务需求的实用应用场景，就像制造工厂越来越广泛地引入机器人工作中心来实现生产环节的去人工化，机器人软件有着财务工厂之称的财务共享服务中心同样有着广阔的空间，尤其是近年国内共享服务中心建设浪潮兴起，RPA 概念和应用实践也一度占据了新闻热点。

以一个典型的交易型财务共享服务中心为例，常见的业务流程一般包括销售至收款（OTC）、采购至应付（PTP）、员工费用报销（T&E）、资产核算（FA）、总账与报告（RTR）及资金结算（TR）等流程，这些流程里不少业务处理环节都具备高度的标准化、高度的重复性特点，这也是 RPA 大展拳脚的广阔空间，那么现阶段这些流程里 RPA 有怎样的应用？

1. 销售到收款

1）自动开票：机器人自动抓取销售开票数据并自动进行开票动作。

2）应收账款对账与收款核销：机器人取得应收和实收数据，按照账号、打款备注等信息进行自动对账，并将对账差异进行单独列示，对于对账无误的进行自动账务核销。

3）客户信用管理：自动进行客户信用信息的查询并将相关数据提供给授信模块用以客户信用评估、控制。

2. 采购到付款

1）供应商主数据管理：自动将供应商提供的资料信息进行上传系统处理（比如获取营业执照影像并识别指定位置上的字段信息，填写信息到供应商主数据管理系统，上传相关附件）。

2）发票校验：基于明确的规则执行三单（发票、订单及收货单）匹配。

3）发票处理：发票的扫描结果的自动处理（与机器人结合的 OCR、发票的自动认证等）。

4）付款执行：在缺少直接付款系统对接的场景下，可考虑利用机器人提取付款申请系统的付款信息（付款账号、户名等），并提交网银等资金付款系统进行实际付款操作。

5）账期处理及报告：比如自动财务账务处理（应付、预付重分类等）。

6）供应商询证：自动处理供应商询证信息并将结果信息进行自动反馈。

3. 差旅与报销

1）报销单据核对：比如自动发票信息核对（申报数与发票数等）、报销标准核查等。

2）费用自动审计：设定审计逻辑，机器人自动按照设定的逻辑执行审计操作（数据查询、校验并判断是否符合风险定义）。

4. 存货与成本

1）成本统计指标录入：机器人自动。

2）成本与费用分摊：机器人按脚本分步或并行执行相关成本和费用分摊循环。

5. 资产管理

1）资产卡片管理：批量资产卡片更新、打印及分发等。

2）期末事项管理：资产折旧、资产转移及报废等的批量处理。

6. 总账到报表

1）主数据管理：主数据变更的自动系统更新、变更的通知及主数据的发布等。

2）凭证处理：周期性凭证的自动处理、自动账务结转及自动凭证打印。

3）关联交易处理：关联交易对账等。

4）薪酬核算：在缺少系统对接场景下的自动薪酬账务处理。

5）自动化报告：格式化报告的自动处理。

7. 资金管理

1）资金管理：根据设定的资金划线执行自动资金归集、自动资金计划信息的采集与处理等。

2）对外收付款：收款与付款的自动化处理。

3）银行对账等：机器人取得银行流水、银行财务账数据，并进行银行账和财务账的核对，自动出具银行余额调节表。

8. 税务管理

税务申报：税务数据的采集与处理，税务相关财务数据、业务数据的采集与处理，自动纳税申报。

16.7　群体智能与仿生计算

群体智能源于对以蚂蚁、蜜蜂等为代表的社会性昆虫的群体行为的研究。最早被用在细胞机器人系统的描述中。它的控制是分布式的，不存在中心控制。群体中大量个体聚集时往往能够形成协调、有序，甚至令人感到震撼的运动场景，比如天空中集体翱翔的庞大的鸟群、海洋中成群游动的鱼群、陆地上合作捕猎的狼群。这些群体现象所表现出的分布、协调、自组织、稳定及智能涌现等特点，引起了生物学家的研究兴趣。而后为了满足工程需要，Minsky 提出了智能体（Agent）的概念，并且把生物界个体社会行为的概念引入计算机学科领域。这时，生物学和计算机科学领域发生了交叉。所谓的智能体可以是相应的软件程序,也可以是实物例如人、车辆、机器人、人造卫星等。

近些年来,由于仿生学、计算机科学、人工智能、控制科学及社会学等多个学科交叉和渗透发展,多智能体系统越来越受到众多学者的广泛关注,已成为当前控制学科以及人工智能领域的研究热点。

16.7.1　从蚁群算法说起

蚁群算法是一种用来寻找优化路径的概率型算法。它由 Marco Dorigo 于 1992 年在他的博士论文中提出,其灵感来源于蚂蚁在寻找食物过程中发现路径的行为。这种算法具有分布计算、信息正反馈和启发式搜索的特征,本质上是进化算法中的一种启发式全局优化算法。

1. 蚁群系统

Dorigo、Maniezzo 等人在研究蚂蚁觅食的过程中,发现单个蚂蚁的行为比较简单,但是蚁群整体却可以体现一些智能的行为。例如蚁群可以在不同的环境下,寻找最短到达食物源的路径。这是因为蚁群内的蚂蚁可以通过某种信息机制实现信息的传递。后又经进一步研究发现,蚂蚁会在其经过的路径上释放一种可以称为"信息素"的物质,蚁群内的蚂蚁对"信息素"具有感知能力,它们会沿着"信息素"浓度较高路径行走,而每只路过的蚂蚁都会在路上留下"信息素",这就形成一种类似正反馈的机制,这样经过一段时间后,整个蚁群就会沿着最短路径到达食物源了。

2. 基本思想

蚂蚁找到最短路径要归功于信息素和环境,假设有两条路可从蚁窝通向食物,开始时两条路上的蚂蚁数量差不多:当蚂蚁到达终点之后会立即返回,距离短的路上的蚂蚁往返一次时间短,重复频率快,在单位时间里往返蚂蚁的数目就多,留下的信息素也多,会吸引更多蚂蚁过来,会留下更多信息素。而距离长的路正相反,因此越来越多的蚂蚁聚集到最短路径上来。将蚁群找到最短路径思想应用于解决优化问题的基本思路为:用蚂蚁的行走路径表示待优化问题的可行解,整个蚂蚁群体的所有路径构成待优化问题的解空间。路径较短的蚂蚁释放的信息素量较多,随着时间的推进,较短的路径上累积的信息素浓度逐渐增高,选择该路径的蚂蚁个数也越来越多。最终,整个蚂蚁会在正反馈的作用下集中到最佳的路径上,此时对应的便是待优化问题的最优解。

图 16-40 展示了蚁群寻找最短路径过程。

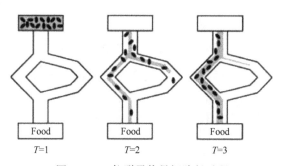

图 16-40　蚁群寻找最短路径过程

16.7.2　智能体的体系结构

蚂蚁具有的智能行为得益于其简单行为规则，该规则让其具有多样性和正反馈。在觅食时，多样性使蚂蚁不会走进死胡同而无限循环，是一种创新能力；正反馈使优良信息保存下来，是一种学习强化能力。两者的巧妙结合使智能行为涌现，如果多样性过剩，系统过于活跃，会导致过多的随机运动，陷入混沌状态；如果多样性不够，正反馈过强，会导致僵化，当环境变化时蚁群不能相应调整。

如果把每只蚂蚁看作智能体（Agent），就形成新一代人工智能研究群体智能的理论——多智能体理论。

1. 智能体的概念

智能体可以看作是一个程序或者一个实体，它嵌入在环境中，通过传感器感知环境，通过执行器自治地作用于环境并满足设计要求（见图16-41）。

图16-41　智能体

2. 智能体的特性

1）自主性：Agent具有独立的局部于自身的知识和知识处理方法，能够根据其内部状态和感知到的环境信息自主决定和控制自身的状态和行为。

2）反应性：Agent能够感知、影响环境。Agent的行为是为了实现自身内在的目标，在某些情况下，Agent能够采取主动的行为，改变周围的环境，以实现自身的目标。

3）社会性：很多Agent同时存在，形成多智能体系统，模拟社会性的群体。Agent具有和外部环境中其他Agent相互协作的能力，在遇到冲突时能够通过协商来解决问题。

4）进化性：Agent应该能够在交互过程中逐步适应环境，自主学习，自主进化。

3. 智能体结构

（1）反应式Agent

反应式Agent是一种具备对当时处境的实时反应能力的Agent（见图16-42）。

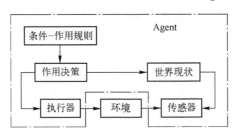

图16-42　反应式Agent结构

（2）慎思式Agent

慎思式Agent是一种基于知识的系统，包括环境描述和丰富的智能行为的逻辑推理能力（见图16-43）。

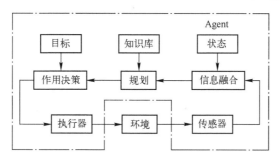

图 16-43　慎思式 Agent 结构

（3）复合式 Agent

复合式 Agent 是在一个 Agent 内组合多种相对独立和并行执行的智能形态，其结构包括感知、动作、反应、建模、规划、通信和决策等模块（见图 16-44）。

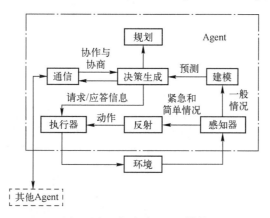

图 16-44　复合式 Agent 结构

16.7.3　多智能体系统

1. 多智能体概念

多智能体（Multi-Agent System，MAS）系统是多个智能体组成的集合，它的目标是将大而复杂的系统建设成小的、彼此互相通信和协调的、易于管理的系统（见图 16-45）。

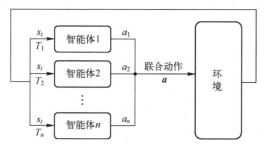

图 16-45　多智能体系统

它的研究涉及智能体的知识、目标、技能、规划以及如何使智能体采取协调行动解决问题等。研究者主要研究智能体之间的交互通信、协调合作及冲突消解等方面，强调多个智能体之间的紧密群体合作，而非个体能力的自治和发挥，主要说明如何分析、设计和集成多个智能体构成相互协作的系统。

同时，人们也意识到，人类智能的本质是一种社会性智能，人类绝大部分活动都涉及多个人构成的社会团体，大型复杂问题的求解需要多个专业人员或组织协调完成。要对社会性的智能进行研究，构成社会的基本构件物：人的对应物——智能体理所当然成为人工智能研究的基本对象，而社会的对应物——多智能体系统，也成为人工智能研究的基本对象。

2. 多智能体系统的基本类型

1）BDI（Belife Desire Intention）模型：这是一个概念和逻辑上的理论模型，是研究 Agent 理性和推理机制的基础。

2）协商模型：Agent 的协作行为一般通过协商而产生。合同网协议就是协商模型的典型代表，主要解决任务分配、资源冲突和知识冲突等问题。

3）协作规划模型：用于制订其协调一致的问题规划。

4）自协调模型：随环境变化自适应地调整行为。

3. 多智能体体系结构

1）网络结构：Agent 之间都是直接通信的，通信和状态知识都是固定的。

2）联盟结构：若干相距较近的 Agent 通过一个叫作协助者的 Agent 来进行交互，而远程 Agent 之间的交互和消息发送是由局部 Agent 群体的协助者 Agent 协作完成的。

3）黑板结构：黑板结构中的局部 Agent 把信息存放在可存取的黑板上，实现局部数据共享。

4. 多智能体协调

从控制理论的角度来看，由于各智能体之间的合作、竞争及通信等关系能刻画复杂大系统内部的本质特性，所以多智能体系统能为复杂大系统提供建模思想，成为复杂系统理论中一个重要的研究方向。在多智能体系统的协调控制中，基本而又重要的问题是群集问题、队形问题和一致性问题。

（1）多智能体系统的群集问题

多智能体系统的群集问题是通过智能体之间的相互感知和作用，产生宏观上的整体同步效应，称作涌现行为。例如，蜜蜂筑巢、成群的鱼共同的觅食和逃避天敌等行为。20 世纪 70 年代以前，对生物界的群集现象的研究只局限于根据长期的观察，得到研究结果。计算机技术的发展极大地推动了对群集现象的深入研究。

（2）多智能体系统的队形问题

对多智能体系统的队形控制研究最早起源于生物界。人们观察到自然界群居的捕食者通常是排成一定的队形捕获猎物，某些动物排成一定的队形抵抗攻击，这是达尔文进化论中的自然选择的结果，适者生存，自然界中的群居动物采用队形的方式有利于自身的生存。受自然界队形思想的启发，多机器人队形问题、无人飞机编队、人造航天器编队和多车辆系统等，引起了国内外学者的极大兴趣。多智能体的队形控制问题是指，一组多智能体通过局部的相互作用（通信、合作、竞争），使它们在运动过程中保持预先指定的几何图形，向指定的目标运动，要求每个智能体在运动的过程中，各智能体之间保持一定的距离避免发生碰撞，在运动的道路上能绕过障碍物。多智能体系统的队形问题与多智能体系统的群集问题的区别是，队形问题要求智能体之间在运动的过程中保持预先给定的几何图形。多智能体系统的队形问题在航天、工业、交通和娱乐等领域都有广泛的应用前景。

多智能体系统的队形控制主要解决的是以下问题。

1）各智能体之间如何相互作用，才能生成指定的队形。

2）在队形移动的过程中，智能体之间是如何相互作用，才能保持指定队形的。

3）在运动的过程中，队形中的个体如何才能躲避障碍物。

4）当外界环境突然改变时，如何自适应地改变队形或者保持队形，以适应环境。

（3）多智能体系统的一致性控制

多智能体系统中的一个基本问题就是一致性问题。一致性问题来源于多智能体系统的协调合作控制问题。一致性问题就是如何设计智能体局部之间的作用方式，使各智能体根据邻居传来的信息，不断调整自己的行为，使所有的智能体的状态随着时间的推移达到共同的值。设计智能体之间的通信方式，称作一致性协议或者一致性算法。

近年来，大量学者沿着不同思路和方法对多智能体系统一致性问题进行了研究，分别从连续和离散、固定和切换拓扑、带有时滞和无时滞、有领导者和无领导者等多个方面进行研究。下面从多智能体系统一致性问题备受关注的几个子问题入手，介绍多智能体系统的发展现状。

1）有领导者的多智能体系统的一致性问题。在多智能体系统中，有个别智能体代表着整个多智能体系统的共同利益或者其他智能体跟踪的目标，把这些智能体称作领导者，把其他的智能体称作跟随者。带有领导者的多智能体系统的一致性问题，也称作一致性跟踪问题，就是通过合适的算法，使得领导者和跟随者的最终状态达到一致。这种方法有其缺陷，就是当领导者遭到破坏或者领导者的速度变化过快导致跟随者跟踪不上时，领导者和跟随者的最终状态无法达到一致。

2）无领导者的多智能体系统一致性问题。在多智能体系统中，如果各智能体的地位和作用是平等的，称这样的系统是无领导者的多智能体系统。无领导者的系统也可以看作是带有领导者的系统，即把其中一个智能体看作虚拟的领导者就可以了，大量的文献采用了虚拟领导者的方法研究了无领导者的问题。通用的一般方法是把其中的一个智能体作为第一个智能体，其余的智能体和第一个智能体状态求差值，这样就化成了线性系统的稳定性问题。利用经典的控制理论和图论知识，得到一致性的相关条件。

3）随机一致性问题。若拓扑结构是固定的，或者连续变化的拓扑是按一定顺序的，则称作是确定的拓扑，即各智能体之间的通信连接是确定的。这种情况是在比较理想的情况下出现的。在现实中，由于通信介质、通信信道的限制，外部环境不确定的影响以及随机噪声的干扰，导致智能体之间的通信连接是随机变化的。研究智能体之间的通信是随机变化的情况，是非常有意义的工作。当智能体之间通信的随机变化满足一定的条件时，即当前时刻的状态只依赖于前一时刻的状态，是马尔可夫链中的一个性质，因此可以借助随机过程的相关知识处理一致性问题。当智能体通信的变化满足马尔可夫链，且智能体之间各个状态差值平方的期望趋于 0 时，称作多智能体系统的均方一致性问题。

4）快速一致性收敛和有限时间一致性问题。在多智能体系统中，因为收敛速度会影响系统的控制精度和抑制干扰的能力，也是衡量一个系统性能的重要指标，因此一致性收敛速度较快标志着系统性能较强。快速一致性收敛问题受到众多学者的关注。

5. 多智能体应用

目前多智能体系统已在飞行器的编队、传感器网络、数据融合、多机械臂协同装备、并行计算、多机器人合作控制、交通车辆控制及网络的资源分配等领域广泛应用（见图 16-46）。

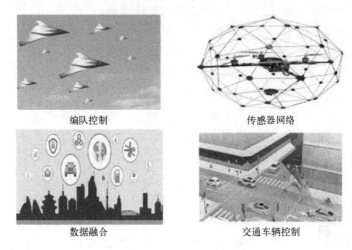

编队控制　　　　　　　　　　　　传感器网络

数据融合　　　　　　　　　　　　交通车辆控制

图 16-46　多智能应用场景

16.7.4　仿生计算

1. 仿生学及仿生计算计算机

仿生学通过对自然界生物特性的研究与模仿，来达到为人类社会更好地服务的目的。典型的例子如，通过研究蜻蜓的飞行制造出了直升机；对青蛙眼睛的表面"视而不见"，实际"明察秋毫"的认识，研制出了电子蛙眼；对苍蝇飞行的研究，仿制出一种新型导航仪——振动陀螺仪，它能使飞机和火箭自动停止危险的"跟头"飞行，当飞机强烈倾斜时，能自动得以平衡，使飞机在最复杂的急转弯时也万无一失；对蝙蝠没有视力，靠发出超声波来定向飞行的特性研究，制造出了雷达、超声波定向仪等；对"变色龙"的研究，产生了隐身科学和保护色的应用……

仿生学同样可应用到计算机领域中。科学家通过对生物组织体研究，发现组织体是由无数的细胞组成，细胞由水、盐、蛋白质和核酸等有机物组成，而有些有机物中的蛋白质分子像开关一样，具有"开"与"关"的功能。因此，人类可以利用遗传工程技术，仿制出这种蛋白质分子，用来作为元件制成计算机。科学家把这种计算机叫作仿生计算机。

仿生计算机也称生物计算机，是以核酸分子作为"数据"，以生物酶及生物操作作为信息处理工具的一种新颖的计算机模型。生物计算的早期构想始于 1959 年，诺贝尔奖获得者 Feynman 提出利用分子尺度研制计算机；20 世纪 70 年代以来，人们发现脱氧核糖核酸（DNA）处在不同的状态下，可产生有信息和无信息的变化。科学家们发现生物元件可以实现逻辑电路中的 0 与 1、晶体管的导通或截止、电压的高或低、脉冲信号的有或无等。经过特殊培养后制成的生物芯片可作为一种新型高速计算机的集成电路。1994 年，图灵奖获得者 Adleman 提出基于生化反应机理的 DNA 计算模型；在生物计算机方面突破性工作是北京大学在 2007 年提出的并行型 DNA 计算模型，将具有 61 个顶点的一个 3-色图的所有 48 个 3-着色问题全部求解出来，其算法复杂度为 3^{59}，而此搜索次数，即使是当今最快的超级电子计算机，也需要 13217 年方能完成，该结果似乎预示着生物计算机时代即将来临（见图 16-47）。

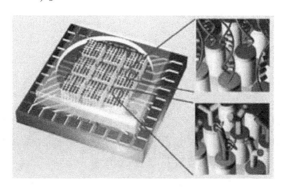

图 16-47　生物计算机

生物计算机的主要原材料是生物工程技术产生的蛋白质分子，并以此作为生物芯片。生物芯片比硅芯片上的电子元件要小很多，而且生物芯片本身具有天然独特的立体化结构，其密度要比平面型的硅集成电路高五个数量级。让几万亿个 DNA 分子在某种酶的作用下进行化学反应就能使生物计算机同时运行几十亿次。所以生物计算机的存储容量可以达到普通计算机的十亿倍。由蛋白质构成的集成电路，其大小只相当于硅片集成电路的十万分之一。而且运行速度更快，只有 $1×10^{-11}$ s，大大超过人脑的思维速度。

生物计算机芯片本身还具有并行处理的功能，其运算速度要比当今最新一代的计算机更快。生物芯片一旦出现故障，可以进行自我修复，所以具有自愈能力。生物计算机具有生物活性，能够和人体的组织有机地结合起来，尤其是能够与大脑和神经系统相连。这样，生物计算机就可直接接收大脑的综合指挥，成为人脑的辅助装置或扩充部分，并能由人体细胞吸收营养补充能量，因而不需要外界能源。它将成为能植入人体内，帮助人类学习、思考、创造和发明的最理想的伙伴。另外，由于生物芯片内流动电子间碰撞的可能极小，几乎不存在电阻，所以生物计算机的能耗极小。

生物计算机作为即将完善的新一代计算机，其优点是十分明显的。但它也有自身难以克服的缺点。其中最主要的便是从中提取信息困难。生物计算机 24 小时就完成了人类迄今全部的计算量，但从中提取一个信息却花费了 1 周。这也是目前生物计算机没有普及的最主要原因。

2. 仿生计算机种类

（1）生物分子或超分子芯片

生物分子或超分子芯片立足于传统计算机模式，从寻找高效、体微的电子信息载体及信息传递体入手，目前已对生物体内的小分子、大分子、超分子生物芯片的结构与功能做了大量的研究与开发。"生物化学电路"是一种超分子生物芯片。

（2）自动机模型

自动机模型以自动理论为基础，致力于寻找新的计算机模式，特别是特殊用途的非数值计算机模式。目前研究的热点集中在基本生物现象的类比，如神经网络、免疫网络及细胞自动机等。不同自动机的区别主要是网络内部连接的差异，其基本特征是集体计算，又称集体主义，在非数值计算、模拟及识别方面有极大的潜力。

（3）仿生算法

仿生算法以生物智能为基础，用仿生的观念致力于寻找新的算法模式，虽然类似于自动机思想，但立足点在算法上，不追求硬件上的变化。

（4）生物化学反应算法

生物化学反应算法立足于可控的生物化学反应或反应系统，利用小容积内同类分子高拷贝数的优势，追求运算的高度并行化，从而提供运算的效率。DNA 计算机属于此类。

（5）细胞计算机

细胞计算机采用系统遗传学原理、合成生物技术、人工设计与合成基因、基因链及信号传导网络等，对细胞进行系统生物工程改造与重编程序，可以做复杂的计算与信息处理。细胞计算机又称为湿计算机，目前的计算机是干计算机。

3. 研究方向及新产品

（1）研究方向

生物计算机是人类期望在 21 世纪完成的伟大工程，是计算机世界中最年轻的分支。目前的研究方向大致是两个：一是研制分子计算机，即制造有机分子元件去代替目前的半导体逻辑元件和存储元件；另一方面是深入研究人脑的结构、思维规律，再构想生物计算机的结构。

（2）新型产品

据美国国家地理杂志报道，最新研制的新型生物计算机可让科学家对分子进行"编程"，并由活细胞执行"命令"。

生物计算机有朝一日可使人类直接控制生物学计算系统。该研究发表在 2008 年 10 月 17 日出版的《科学》杂志上（见图 16-48）。

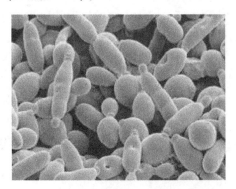

图 16-48　分子在酵母细胞中"运行"

生物计算机最终将具有智能，从细胞中生成生物燃料，比如可以实现在某种特殊状况下有效控制"智能药物"。如果计算机探测到某种疾病，一种智能药物能够从一个细胞环境中采样，并形成自防御序列结构。

这种新型生物计算机包括装配在酵母细胞中的工程 RNA 片断，RNA 是类似于 DNA 的一种生物分子，它可以编码遗传基因信息，比如如何制造多样化的蛋白质。从计算工程角度来讲，生物计算机的"输入"是分子漂浮在细胞内；"输出"是蛋白质产物的变化。举个例子，RNA 计算机很可能捆绑着两种不同的分子，如果两种不同分子附着在一起，将导致出现生物计算机的外形变化。改变形状后的生物计算机对 DNA 进行捆绑时，将直接影响基因表达，并减缓蛋白质制造。

这些蛋白质将以不同方式影响细胞，比如如果这些细胞是癌细胞，蛋白质将会把癌细胞杀死。研究小组设计 RNA 计算机的不同部分可进行模件组成，因此这些组件可混合匹配组装。

习题 16

一、名词解释

1. 智能体　2. 智能体社会性　3. 细胞计算机　4. 仿生算法

二、选择题

1. （　　　） 不是智能特性。

A. 自主性 　　　　　　　　　　B. 进化性

C. 反应性 　　　　　　　　　　D. 协同性

2. 具有独立的局部于自身的知识和知识处理方法，能够根据其内部状态和感知到的环境信息自主决定和控制自身的状态和行为称为智能体的（　　　）。

A. 自主性 　　　　　　　　　　B. 进化性

C. 反应性 　　　　　　　　　　D. 协同性

3. Agent 能够感知、影响环境。Agent 的行为是为了实现自身内在的目标，在某些情况下，Agent 能够采取主动的行为，改变周围的环境，以实现自身的目标称为智能体的（　　　）。

A. 自主性 　　　　　　　　　　B. 进化性

C. 反应性 　　　　　　　　　　D. 协同性

4. 智能体结构不包括（　　　）。

A. 自主式 　　　　　　　　　　B. 反应式

C. 慎思式 　　　　　　　　　　D. 复合式

5. 基于知识的系统的 Agent 称为（　　　） Agent。

A. 自主式 　　　　　　　　　　B. 反应式

C. 慎思式 　　　　　　　　　　D. 复合式

6. 具有环境描述和丰富的智能行为的逻辑推理能力的 Agent 称为（　　　） Agent。

A. 自主式 　　　　　　　　　　B. 反应式

C. 慎思式 　　　　　　　　　　D. 复合式

7. （　　　） 不是多智能体系统的基本类型。

A. BDI 模型 　　　　　　　　　B. 协商模型

C. 自协调模型 　　　　　　　　D. 反应模型

8. 能够随环境变化自适应地调整行为的多智能体系统属于（　　　）模型。

A. BDI 　　　　　　　　　　　B. 协商

C. 自协调 　　　　　　　　　　D. 反应

三、判断题

1. 事实上，随着数据信息爆发式的发展，计算能力或将成为未来人工智能发展的最大障碍。（　　）

2. 量子计算机的计算能力将为人工智能发展提供革命性的变化。（　　）

3. 量子计算机正在大规模商用，其运行速度比传统模拟装置计算机芯片运行速度快2亿倍。（　　）

4. 混合学习模型使得将业务问题的多样性扩展到包含不确定性的深度学习成为可能。（　　）

5. 群体智能控制是分布式的，不存在中心控制。（　　）

6. Agent 之间都是直接通信的，通信和状态知识都是固定的，多智能体体系结构为联盟结构。（　　）

7. 生物计算机的存储容量可以达到普通计算机的十亿倍。（　　）

8. 生物芯片一旦出现故障，可以进行自我修复，所以具有自愈能力。（　　）

9. 从生物计算机中提取信息容易。（　　）

10. 生物计算机 48 小时就完成了人类迄今全部的计算量。（　　）

11. "生物化学电路"是一种超分子生物芯片。（　　）

四、填空题

1. 深层强化学习与（　　）解决业务问题。

2. 通过模拟或插值合成新数据有助于获得更多的数据，从而增强（　　）以改进学习。

3. 开发机器学习模型需要（　　）和（　　）的工作流程，包括数据准备、特征选择、模式或技术选择、训练、调优。

4. 群体智能源于对以（　　）、蜜蜂等为代表的社会性昆虫的群体行为的研究。

5. 在多智能体系统的协调控制中，基本而又重要的问题是群集问题、队形问题和（　　）。

6. 通过对自然界生物特性的研究与模仿，来达到为人类社会更好地服务的目的，称为（　　）。

7. 生物计算机，是以（　　）作为"数据"，以生物酶及生物操作作为信息处理工具的一种新颖的计算机模型。

8. 生物计算机（　　）小时就完成了人类迄今全部的计算量。

五、简答题

1. 机器学习（尤其是深入学习）的最大挑战是什么？

2. 画出反应式 Agent 结构图。

3. 简述多智能体体系结构。

附　　录

附录 A　人类智能和人工智能对比

这里的比较不是从伦理角度，而是从功能角度对比人类智能和人工智能，如图 A-1 所示。

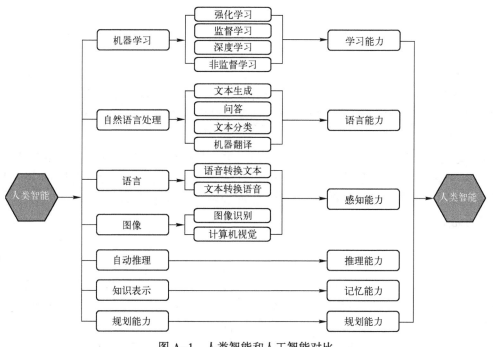

图 A-1　人类智能和人工智能对比

附录 B　人工智能相关学科

人工智能的一个主要目标是开发与人类智能相关的计算机功能，例如推理、学习和解决问题。这也是一门基于计算机科学、生物学、心理学、语言学及数学等学科的综合科学技术。

自从计算机和机器被发明以来，它们处理各种任务的能力呈现指数增长。人类开发出计算机系统的功能，已经包括各种工作领域。它们的速度越来越快，尺寸也越来越小。人工智能作为计算机科学的一个分支，追求创造像人类一样聪明的计算机或机器。根据人工智能之父约翰·麦卡锡的说法，它是"制造智能机器的科学与工程，特别是智能计算机程序"。它也被认为是一种使计算机或计算机控制的机器人能够实现类似人类思考方式的智能并且进行思考的技术。通过研究人类大脑如何思考，以及人类如何在尝试解决问题时学习、决定和工作的原理，在此基础上进行研究开发智能软件和硬件系统来实现这个目标。

1. 哲学

因为人工智能试图回答重要的问题，如"一台机器能聪明地行动吗？""它能像人类一样解决问题吗？""计算机智能是否像人类一样？"等等，就必须对"什么是智能"这个问题做出回答。正是人工智能研究者在哲学层面上对于"智能"的不同理解，也才会在技术实践层面上产生不同流派并且存在巨大的分歧。

2. 伦理学

人类如何看待人工智能，是机器设备还是生物？人工智能机器不能看作会思考的新物种？如果承认人工智能是新物种，那么人类如何与之共存？也许现在考虑这个问题看起来为时尚早，但不要忘了，机器学习的进化速度是惊人的，甚至编写围棋人工智能程序的作者都不能理解机器学习进化的速度是如此之快。

3. 数学

数学用于编写机器学习的逻辑和算法。哲学思考并定义了特定的智能和理论层面的运作的方式。但是，数学家的智慧提出了用于机器学习的具体步骤和算法。所以良好的数学知识是开发人工智能模型的必备技能。而且数学是人类描述客观世界的通用语言，这种语言现在也可以很好地传达给人工智能，并且被理解。正是通过以数学为基础构建的模型，人工智能正在快速认识这个客观世界，把这些碎片的拼图拼接在一起。

4. 统计学

信息理论需要对数据和概率有很强的理解，大多数神经网络技术和许多机器学习算法要求很好的统计学和概率学背景，这样可以更好地理解算法。但是要注意，机器学习并不是统计学的延伸，而是完全不同的算法和理念，深度学习网络的发展和传统的统计技术已经是走在不同道路上了。

5. 逻辑学

逻辑学是研究人类思维规律的学问，而人工智能要模拟人的智能，所以两者也是密切相关。人工智能难点不在于人脑所进行的数字运算和简单推理，而是最能体现人的智能特征的创造性思维，这种思维活动中包括学习、判断、总结及修正等因素。举个例子：选择搜集相关的经验数据，在信息不充分的基础上做出尝试性的判断或抉择，不断根据环境反馈试错、修正行为，由此达到预期行动的成功。这就是人们在真实世界每天都在做的、习以为常的事情。

6. 生物学

生物学对于人工智能的发展具有非常重大的作用，无论是研究大脑的运作原理，还是生物进化过程，都对人工智能发展，甚至未来是否会产生基于芯片的硅基生命体有重大意义。人工智能中的遗传算法也是仿真生物遗传学和自然选择机理，通过人工方式所构造的一类搜索算法，而遗传算法是对生物进化构成进行的数学方式仿真。

7. 脑科学

脑科学提供有关人类大脑如何工作以及神经元如何响应特定事件的信息。这使人工智能科学家能够开发编程模型，使其像人脑一样工作。在这方面深度学习和强化学习就是两个很好的例子。正是深度学习原理的公布，才有了现在人工智能研究和应用百花齐放的局面。对人类意识的产生和记忆、存储、检索原理的研究都是神经科学对人工智能的深入影响。

8. 心理学

人工智能是一种对人类智能行为的模拟，通过现有的硬件和软件技术来模拟人类的智能行为，这包括机器学习、形象思维、语言理解、记忆、推理及常识推理等一系列智能行为，而心理学则用于研究和发现人类和动物的思维过程。该学科使数据科学能够理解大脑、行为和人，这对于制造像人类大脑这样的"会思考的机器"至关重要。

9. 语言学

现代语言学被称为计算语言学或自然语言处理。自然语言处理允许智能系统通过诸如英语之类的语言进行通信。自然语言处理经验也是开发机器人工智能系统的必要条件。另外，人工智能学也需要一套适应于人工智能和知识工程领域的、具有符号处理和逻辑推理能力的计算机程序设计语言，能够用它来编写程序求解非数值计算、知识处理、推理、规划及决策等具有智能的各种复杂问题。

10. 计算机科学

人工智能是融合学科，它是众多学科也包括计算机科学及其他科学的共同产物。但目前为止，人工智能以计算机科学为实践主要指导，计算机科学有众多理论、实践手段与方法去实践人工智能。人工智能工程师编写用于制作人工智能神经网络的代码。神经网络会根据提供给系统的数据更新神经网络的值和属性。通过这样的方式实现了人工智能，所以计算机科学也是相对联系更密切的学科。人工智能程序员应具备非常高的编程技能，以及与人工智能通用数学和其他学科的知识。

11. 控制论

该理论描述了事物如何在自己的控制下运作。它是人类、动物和机器的工作控制和相互沟通的科学研究。比如智能控制技术是在向人脑学习的过程中不断发展起来的，人脑是一个超级智能控制系统，具有实时推理、决策、学习和记忆等功能，能适应各种复杂的控制环境。了解这项技术也对人工智能的发展非常重要。

12. 机器人学

智能机器人与人工智能有十分密切的关系。人工智能的近期目标是模仿和执行人类的某些智力功能，如判断、推理、理解、识别、规划、学习和其他问题求解。而机器人学的发展也需要人工智能技术的支持，同时，机器人学的发展又为人工智能的发展带来了新的动力，提供了一个很好的试验与应用场景。人工智能在机器人学上找到实际应用，并使问题求解、搜索规划、知识表示和智能系统等基本理论得到进一步实践和发展。

13. 大数据

大数据正在推动人工智能的快速发展，因为它提供了一个用于保存和查询大量数据集的平台。人工智能需要处理大量数据作为输入来训练模型，不能将数据保存在一台计算机中，而大数据技术就起了重要作用。同时大数据也提供分布式计算环境，可用于在分布式系统上进行模型训练，这就保障了人工智能模型训练的数据量和效率。

所以说，人工智能学科是一个建立在广泛学科研究基础上的综合学科，从这些学科的交集中产生，同时又将研究结果应用到这些学科中去，大大推动相关学科领域的进步和发展，以巨大的应用潜力来推动科技的快速进步，形成技术爆发的"奇点"。可以预见人工智能在十年之内给人类带来的影响，将远远超过计算机和互联网在过去几十年对世界造成的改变。并且这种改变必然会重构人类的生活、学习和思维方式。

参 考 文 献

[1] 李开复，王咏刚．人工智能［M］．北京：文化发展出版社，2017．

[2] 郑南宁．人工智能本科专业知识体系与课程设置［M］．北京：清华大学出版社，2019．

[3] 国务院发展研究中心国际技术经济研究所．人工智能全球格局：未来趋势与中国位势［M］．北京：中国人民大学出版社，2019．

[4] Jerry Kapla．人工智能时代：人机共生下财富、工作与思维的大未来［M］．李盼，译．杭州：浙江人民出版社，2016．

[5] Andrew W Trask．深度学习图解［M］．王晓雷，严烈，译．北京：清华大学出版社，2020．

[6] 王万良．人工智能导论［M］．4 版．北京：同等教育出版社，2017．

[7] 李德毅，于剑．人工智能导论［M］．北京：中国科学技术出版社，2018．

[8] 鲍军鹏，张选平．人工智能导论［M］．北京：机械工业出版社，2011．

[9] Stuart J Russell，Peter Norvig．人工智能———一种现代的方法［M］．3 版．殷建平，祝恩，刘越，等译．北京：清华大学出版社，2013．

[10] 吴军．智能时代［M］．北京：中信出版社，2016．

[11] 尤瓦尔·赫拉利．未来简史［M］．林俊宏，译．北京：中信出版社，2017．

[12] 曾毅，刘成林．类脑智能研究的回顾与展望［J］．计算机学报，2016，39（1）：212—222．

[13] 艾媒咨询．2017 年中国人工智能行业白皮书［EB/OL］．［2017-12-1］．http://www.iimcdia.cn/59710.html．

[14] 朱定局．智能大数据与深度学习［M］．北京：电子工业出版社，2018．

[15] Lamber Royakkers，Rinie van Est．人机共生［M］．粟志敏，译．北京：中国人民大学出版社，2017．

[16] Nik Bessis，Ciprian Dobre．大数据与物联网———面向智慧环境路线图［M］．郭建胜，周竞赛，毛声，等译．北京：国防工业出版社，2017．